Scene Construction

场景营造

看得见风景的房间

白晓霞　徐怡静　著

華中科技大學出版社
http://www.hustp.com
中国·武汉

图书在版编目(CIP)数据

场景营造：看得见风景的房间/白晓霞，徐怡静著.--武汉 ：华中科技大学出版社，2022.8
ISBN 978-7-5680-8711-7

Ⅰ. ①场… Ⅱ. ①白… ②徐… Ⅲ. ①建筑设计－教育研究 Ⅳ. ①TU2

中国版本图书馆CIP数据核字(2022)第160532号

场景营造：看得见风景的房间 白晓霞 徐怡静 著

CHANGJING YINGZAO： KANDEJIAN FENGJING DE FANGJIAN

出版发行：华中科技大学出版社（中国 · 武汉） 电话：（027）81321913
武汉市东湖新技术开发区华工科技园 邮编： 430223

策划编辑：王一洁 责任监印：朱 玢
责任编辑：王一洁 美术编辑：张 靖

印　　刷：武汉精一佳印刷有限公司
开　　本：880 mm × 1230 mm　1/32
印　　张：7.75
字　　数：183千字
版　　次：2022年8月第1版第1次印刷
定　　价：69.80元

前言 从哪里开始?

如何进行建筑基础教育是建筑教育领域的一场长期思辨，从未终止。争论的焦点始终是用什么样的方式育什么样的人，但无论如何，“教育的目的是育人”的基本认识是一致的。从建筑学科教育甚至更广泛的教育来讲，为不可预见的未来做准备的有效方法，就是学会深入并富有想象力地思考，这便要求理性的逻辑力与感性的想象力兼备。现代建筑教育的进步之处在于明确了理性思维的训练对于建筑设计的绝对重要性，在理性的训练过程中高效地、普适性地培养了大批的从业者，并形成了以抽象训练形式提升学生对空间的敏感性的训练方法。这种方法从长远来讲的确行之有效，但是，不得不说，理性能够帮我们解决问题、完成任务、提供方案，然而最终打动人心的、超越既有事实的仍然是感性的想象力。此外，在面向未来的发展中，人工智能的势力正在迅速崛起，其快速发展成为人们，或者说一部分人们心目中的美好愿景，然而有关情感、体验等空间使用的关键内容目前仍是计算机无法完成的。爱因斯坦曾说：“教育的价值不是学习许多事实，而是训练头脑去思考那些不能从课本上学到的东西。”简单来讲，思考是人类的优势，而其中感性的想象力更是独门绝学。感性的想象力到底能否培养，或者说该如何培养?

受高效的编班授课模式的影响，学生们接触了太久的规训教育，当面临主流建筑学教育时，仍然要学习大量有关理性的、逻辑的内容。理性能力培养的重要性毋庸置疑，但学生作为灵动的个体，提升他们的感性能力，例如印象、记忆、感觉、场景思维等，同样极其重要。感性能力的培养往往因感性能力是否可教的争论而停滞，或因定义不够清晰且缺乏成熟的教育方法而对其避而不谈。这里，我们可以反向思考，如果感性能力不可培养，那么岂不是将建筑学教育置于片面的理性境地，放弃了对于培育完整的人这一整体目标的追求?

当理性的逻辑思维占绝对主导，人们对智能生成设计的未来满怀期待的时候，建筑教育不能丢失的恰恰就是建筑师对于场景、体验的敏感性和对情感的坚守，以及将它们转化为与使用者共情的能力，或者对空间感同身受的能力。从训练内容的角度来看，感性的事物的确不易讲授，但是这不代表与其相关的能力及训练方法不可探讨，哪怕这种能力是需要学生通过自我修养去提升的，教学亦必须积极提示学生进行训练，并尽可能提供一些有效的训练途径。跳出“内容”“知识点”等既有的讲授模式，让“如何培养学生对设计敏锐的感知能力”成为可以讨论的议题，这并非某一次孤立训练的阶段性任务，而是贯穿建筑学教育的长期目标。我们试图在培养理性的逻辑思维能力的大趋势下，补足启蒙教育有关“感知”的内容。

我国的建筑教育在迅速发展过程中，大量引入并借鉴了西方的教育模式，特别是在建筑教育培养的目标、过程、手段等方面，以形式、功能等为核心的建筑设计思想占据主导地位，这的确曾对我国的建筑教育发展起到了巨大的作用。但不得不说，在这样的背景下，源自我国自身文化的，具有系统性、综合性的方法论在建筑教育中有所缺失，这对于我们自身以及更广范围的建筑教育而言都是一种损失，其在一定程度上归结于我们仍未找到立足东方文化的体系化的教学方法。久而久之，似乎对学生提及“意境”“悟性”“灵感”等内容极易被贴上不够理性的标签，因为这不那么符合经典的分析模式。这里我们尝试提出以下问题：东方文化能够为建筑设计教育做出哪些贡献？在东方文化中成长起来的建筑师群体与在西方文化中成长起来的建筑师群体有没有差异，如果有差异，差异是什么？

在当前这样一个自信觉醒以及教育探索的阶段，糟糕的情况莫过于陷入非此即彼的争论，事实上，教育本身就是动态发展的，如果某种模式是绝对正确的，那么如何解释其他模式的存在呢？教育研讨本质上是对各种教育价值、教学模式、适用范畴、训练顺序进行对比解析，并根据各自宏观的教学体系选择适宜做法的过程。建筑基础教育在启蒙阶段应当充分考虑多元化的模式，这里所说的多元化不仅是教学形式的多元化，更重要的是设计思维和设计成果的多元化，即允许学生有一定自主发挥的灵活空间，力争在百花齐放中彼此取长补短。通过对同一题目进行不同视角、不同方法、不同思维模式的探究，在各种独特性的碰撞中产生“混血”效应，从而不断打破每个人固有的思维定势，这一点对于建筑学极其重要。

面对启蒙教育，我们主张关注学生本身，即探寻依托学生自我的命题，而非直接讲授建筑或者建筑学。从高中到大学的过渡不应是割裂式的，学生的过往经历、思维模式、表达能力等均潜在影响着接下来的学习。学生们有的可能从来没有体验过教科书上伟大的建筑，也有的可能已经亲临国外诸多建筑圣地；有的可能不认识任何一位真正的建筑师，也有的可能成长于建筑世家……每个人走过的路、看过的风景都不同，却共同选择了建筑学这一有可能成为终生事业的专业领域。他们经历过很长时间对于标准化答案的追求，具备了关于知识学习的良好素养，但是很快会发现以前的学习模式在建筑学的主干课程中往往显得“不灵”了，在思维模式、研究载体、表达形式、成果评价等方面形成了巨大反差。这种反差带来的困惑甚至会成为入门的障碍。因此，建筑设计初步教育的入门环节应当具备足够的包容性，不因学生思维模式的差异、过往经历的差异和课题内容的限定而影响他们迈入专业学习的大门！

华中科技大学建筑设计初步教学的基本定位为意识唤醒、认知拓展、思维启发和设计启蒙，围绕基本定位探索与之匹配的教学组织方式，经过近五年的积累形成了认知启蒙系列和设计启蒙系列的主体架构。

本书的主体内容是面向建筑学一年级新生的认知启蒙系列课程的第一个专题，核心目的在于讨论如何带领一年级新生迈出专业学习的第一步，站在专业入门之处引导学生看向何处，除了对具体命题和专业知识点进行探讨，还站在学习体验的视角，帮助学生建立“自我”并从追求“正确解”的思维模式向自主学习模式过渡，帮助学生尽快跨越思维模式和学习模式切换的障碍。本书是对带领新生入门的建筑学启蒙教育的探索，是对教学思想、教学内容、具体命题以及运作方式的阐述。因此，严格意义上来讲，这本书更像是一次教学研究，是从最初命题到总结思考的过程。

站在一年级入门的起点，学生们并没有专业知识的加持，对于空间的体验感知属于本能，即我们认为印象是由客观体验以及主观情感共同叠加而成的。以印象深刻的“场景”切入是我们在一年级入门教育中的探索方向。“看得见风景的房间”作为本次训练的主题，是一种泛化的存在于日常生活中的场景，是每个学生都有过的体验。设计这一主题，原因有以下几点。其一，这是一次去功能化的、限定主题的尝试，我们希望启蒙教育具有一定的包容性。我们力图以一种相对朴素且公平的方式切入，每个人都有属于自己的独一无二的体验，不限定功能载体是为了给学生更大的自由度，就像种子发芽初期，要做的仅仅是在相对宽松的环境下唤醒内在的动力。其二，启蒙初期使学生牢固树立将空间放在一个由多种因素构成的大的系统中去看待的观念，以避免就空间论空间、就形式论形式等孤立思考的模式，而场景包含了更加全面的内容。其三，主张从人的视角开始讨论，以利于理解建筑学以人为中心的空间体验。其四，“场景”相较于“空间”对初学者来讲更加生动，选取某个印象深刻的、曾经打动自己的载体进行再思考，有利于学生从体验、生活和感受出发。

“看得见风景的房间”本身是一个不可拆分的场景，涉及构成场景的各种物化的内容、场景感知的途径和条件。鉴于教学过程的引导和题目的诠释，仍然需要进行适当的解释和限定。“看得见”提示了人与环境的互动以及由此衍生的对各种关系的探讨；“风景”

以褒义的方式提示了环境，但并不僵化于具体地段，一千个人的心中有一千种风景，毕竟依托于美好事物的启蒙更容易被人们接受；“房间”是对场景进行高度浓缩和对印象进行切片提取，以相对简单的载体更加有效地聚焦教育理念的阐述以及思维过程的引导。作为一个相对感性的题目，“看得见风景的房间”试图提示学生刻意训练自己的场景感知能力。总体而言，“看得见风景的房间”这一主题契合建筑教育启蒙阶段意识唤醒和认知拓展的教学目的，并尽可能以有趣的方式开启学生的专业学习之旅。

请同学们试着从“看得见风景的房间”开始专业学习吧！

白晓霞

2022 年夏于武汉

目录

01 再思建筑基础教育的定位

建筑设计初步课程在国内外各类建筑院校中均有开设，在不同院校以及不同历史时期训练方式差异显著，但建筑设计初步课程培养的是建筑设计的基本功却是一大共识。建筑基础教育背后折射的是对建筑设计相关的基本问题、思想认知和工作方式的研究，而建筑设计初步课程正是建筑基础教育思想的直接反映。我国建筑基础教育在很长一段时间内受巴黎美术学院教育体系影响，其学术基础在于形式是设计结果的呈现，亦是人们认知建筑的直接途径，因此形成了以形式训练为核心的基础教育和以表达技法为重点的训练途径。由此不难发现，在很长时期内众多建筑院校一年级学生第一学期的训练以钢笔画、渲染、测绘、形式构成、色彩构成、立体构成等为主要内容。这些经典的训练手段在我国建筑教育的发展初期发挥了重要的作用，作为当时的历史选择功不可没，但此类训练模式也在一定程度上先入为主地造成了建筑设计以形式为切入点的普遍现象，以及对建筑形式过分追求的设计态度。诚然，对形式的探索本身就伴随着对新的建筑体验的追求，二者高度相关，但此处不应混淆其因果关系及主次顺序。

何为基本功

如果说曾经基于表达的基本功训练是媒介受限时必须突破的关卡，那么，在知识界限、交互方式、表达媒介不断突破的今天，基本功又该如何诠释？在延续了长时间以“工具”“表现”“操作”等为基础的教学之后，建筑设计基础教育进入了一个反思、探索的新阶段。整体而言，建筑设计初步教学更加注重对体验、认知、思维、能力等问题的探索，训练方式也在传统教学的基础之上发展为以“观察”“体验”“互动”为特色的教学模式，培养学生独立且有深度的思考能力、理性而有温度的创造能力已逐步成为建筑基础教育更加关注的方向。

围绕建筑设计所需要的想象力、逻辑力和表达力，我们进行了适当的拆分和选择，将一年级学生的想象力培养落实到“叙事＋共情＋感知”上，将逻辑力培养落实到“空间及其要素的解析判断能力”上。而上述能力培养的外显性过程则是表达力的提升，一年级学生主要依托“图解＋模型”的方式进行表达。整体而言，寻求与学生能力培养相适应的教育理论与教学实践是当前建筑基础教育的重要议题。

建筑设计初步教学中的重要性排序

与职业技术教育相比，高等教育除了关注职业化知识的学习，还关注广泛的能力培养和全面的人的培养。那么，建筑设计初步教育所谓的“建筑学的基本能力”中的“能力”到底指什么？能力具有个体的内在属性，到底应如何培养？在有限的建筑设计初步课时内我们应该如何取舍？能力培养绝不等同于舍弃对于知识的教育和方法的训练，否则能力的培养将变为空洞的、没有依托的、无法评判的自说自话。在抨击灌输式的教育模式时，不能带偏对于“知识”的认知。“知识”从来都是珍贵的，糟糕的是“灌输”的模式，重要的是如何在知识的海洋中筛选出关键、适合的知识。在计算机时代，知识必须严格区分于信息。因此，新的教育模式区别于传统建筑设计初步教育的地方在于，其将思维能力的训练作为明确的训练导向，要求有与之对应的教学路径和基本知识的学习。

能力提升不可能无中生有，能力训练离不开具体的依托。学习的过程性是学校教育在能力培养中的绝对优势。学校教育一方面传授知识本身，另一方面对知识获取的过程进行解析，过程式的演练和模拟最终指向内在的学习和未来的应对。以认知能力的训练为例，学生通过“认”的过程，得到了“知”，从而能够快速上手；通过对获取“知”的过程进行解析和演练，形成举一反三和对于新事物的自主认知能力。无论是老师的教与授，还是学生的学与思，均是强调过程性的思考能力的训练，均是在“过程性”的教学中迭代而逐步提高的。当然，如果没有知识的输入，也不可能有思维的输出。知识本身是学习和成长的重要体现，亦在一定程度上是能力提升的体现和思维训练的载体。当一个人能够掌握更加高深、复杂的知识时，背后体现的亦是学习能力、认知能力、解决问题能力的提升。因此，面向未来的能力培养的教育必然是思维训练、方法学习和知识学习共同耦合的结果，但这里必须强调，在建筑设计初步教学环节中，三者的重要性排序应当是过程先于方法，方法先于知识，绝不可混淆，这严格区别于一般知识性课堂教学。

评价方式的挑战

能力的发展需要在知识学习、过程训练的基础上进行内化，从而形成应对未来的能力。如果非要依据作业来评价能力培养的结果，会不会存在从知识形式主义到能力形式主义的变化？依托考试、作业等模式的评判本身难以直接对这一问题给出答案，我们必须认识到传统评价方式的局限性，甚至有必要针对特定的课题对点评本身进行设计。

任何鼓励探索性的教育都难以用简单的对错、优劣进行划分，更不可能直接采用“踩分点”模式进行评判，评价要点的意义更多的是提示教学的导向，这一点对于建筑学新入门的学生来讲，的确需要一个适应的过程。课程点评是对场景营造过程进行复盘和对结果是否达到预期意象进行解析，其意义绝非量化成绩，而是进一步高度凝练设计价值，并辅助学生判断下一步应该朝着什么方向努力，这是教育的职责所在。启蒙教育阶段的障碍之一便是做完之后得不到反馈，一个抽象的分数是远远无法解释学生的困惑的，没有反馈的教学极易流于形式。因此，点评应当作为极重要的环节进行教学设计。本书依托的场景营造尝试探讨了一种复合型的评价模式，具体包括基于自我视角的自评、基于过程参与的组内互评、基于过程观察的指导教师点评、基于成果视角的外部公开点评四个层面，在“对‘评价’的设计”一节将对此进行更加详细的解释。

建筑启蒙教育的具体定位

华中科技大学建筑设计初步课程的基本定位在经历了一系列的研讨和教改之后，可以概括为意识唤醒、认知拓展、思维训练和设计启蒙，相关课题设置和教学组织也坚持一以贯之地围绕这样的基本定位展开，具体形成了认知启蒙系列和设计启蒙系列。下面对为何会形成这样的具体定位进行阐述。

意识唤醒

每个人来到世间便开始了对空间的感知、对建筑的体验，区别在于是敏感还是钝感。大量环境信息输入个体的过程形成了每个个体独一无二的特征，即使是未接受过任何建筑学专业训练的新生也绝非一张白纸，因此在向他们讲授专业知识和操作技法之前，唤醒其已经具备的、内在的建筑设计意识应当摆在教学时序的前列。

首先需要提问的便是唤醒哪些意识和如何唤醒。虽然新入门建筑学，但是他们并非毫无积累，这与建筑学是一门极其综合的学科密切相关。不难发现，人们在孩提时代可能就已经开始做有关建筑的梦了。日常生活中，人们从小时候在沙堆上挖洞和玩沙子、在游戏室的地面上搭积木、在床上用枕头叠“堡垒”，到学习语文、数学、物理、地理等方面的基础知识，再到逛街、看电影、读小说、聊天、旅游、讲故事等，都已经开始了建筑意识储备。例如，逛街是对城市商业环境和人群行为进行观察的最好时机，电影里那些场景和故事也都是认知世界甚至改变世界的某个灵感的来源。因此，学生可能并未见过那些能够被建筑学教科书提及的伟大作品，也从未相识真正意义上的建筑师，但是他们却可能选择将建筑师作为一生的职业，能够解释这件事情的缘由之一便是无意识的积累向有关创造空间的梦想的转变。在这些前期的储备当中，那些处于前景的可看见、可触摸的相对直接的物化的内容是学生容易意识到的，而作为虚空的、背景的、不可见的“空间”是学生在日常生活中不易意识到的。

总体而言，那些最初的兴趣是可以看得到的，但从学科意义上讲，必须明确意识到本能与专业之间既有联系又有区别。从无意识或者下意识转变为有意识，从而产生强有力的专业控制力是意识唤醒过程的关键，至于如何唤醒则有赖于教学的组织。

认知拓展

认知是一个心理学名词。认知能力包括观察识别能力，以及信息的加工、转译和理解能力。提升认知能力是做好设计的前提，没有基本的认知何谈设计。设计是对事物展开严密而富有逻辑的设想并以可以接受的方式表达出来的过程，它围绕解决问题、满足服务需求、创造体验等一系列目标展开，所有的前提都离不开建筑师对相关内容敏锐的洞察和深刻的认知。不同的人眼中的世界也是不同的，每个人的认知与价值体系亦存在差异，许多主观认为理所应当的事情可能换个视角未必成立。设计类课程的启蒙教育需要引导学生跳出源于本能的模糊的感觉。在唤醒自我的基础上，认识普遍性的规律，并时刻提醒自己反思“感觉”背后的“普遍性规律”到底是什么。认知本质上存在整体性特征，但教学过程必须选择性地进行拆分和深化。认知拓展包括两方面的内涵：内容层面的深度和广度；方法层面的过程和手段。古人早已清晰地指出“授人以鱼不如授人以渔”，对于设计学科而言尤是如此，建筑设计初步教学的重要任务是传授认知的方法，使学生掌握方法并不断自我训练，最终将认知到的内容内化为自己的能力。

本书以空间认知为例，空间作为建筑学所有议题中的核心内容，不单单是对物理空间的诠释，更具有行为空间、心理空间、社会空间等多重意义。物理意义上的空间可以通过五感及测量加以解释，而对于其他层面的认知，亲自体验或许是人们能够想到的最直接的方式，但不得不说，如果仅仅依靠亲临现场，认知拓展的效率会大大受限。学习过程中运用观察、对比、借鉴、移情等方式更加高效地拓展自身的认知同样重要。此外，还可以通过亲自动手去创造一些空间，在这个空间限定的过程中认真体会空间的生成，并以其他投射的方式（图像、视频等）对存在于多种表现形式之中的空间进行体验。教学所能做的主要是提示方法。

思维训练

思维是一种极为复杂的心理现象，学界对其定义至今没有形成完全一致的看法。不同学科门类的学者对思维有不同的认识，即使是同一学科的研究者站在不同角度也会对思维的定义产生不同的看法。思维本身虽不可直接“教”或“授”，但可以通过训练得以提升。整体而言，在课程体系当中，思维训练以感知为基础又超越感知的界限，是在意识唤醒、认知拓展之上的第三个层级，旨在进一步探索本质联系和共性规律，是课程训练过程的高级目标。对于共性规律的探究，学生不仅要想自己所想，更要想他人所想。设计思维本身是具有连续性的，但在不同的阶段表现出不同的特征，或者说在不同思维模式之间切换。对于建筑师而言，我们需要具备高度抽象的能力去把握空间、凝练规律、抓住核心矛盾，我们同样需要敏感地关注具体的问题、具体的人、具体的事物。同时，对于新的空间的创造、对于各类问题的建筑学范畴的解决，最终仍然落脚于空间组织。那么，相关的思维训练该如何开展呢？针对建筑师思维本身难以拆解的特征，这里主张由问题的解答过程去驱动，在任务的完成过程中去体会和锻炼。基于设计思维训练的初衷，我们需要探索与之匹配的可用于教学实践的命题。

区别于下意识的感觉，思维训练强调理性，在建筑设计初步教学过程中可以概括为逻辑思维和形象思维，此二者是建筑师重要的思维训练类型。在设计教学中，需要对逻辑性的解析和形象化的塑造反复训练，从而提升学生的设计能力，最终形成创造新事物、新体验以及解决问题的能力。在启蒙初期，我们无法要求学生以建筑师的思维进行思考，只能通过模拟设计过程的方式“像”建筑师一样思考。同学们几乎从未与所使用的空间的建筑师打过照面，那么，针对使用之后的场景进行营造，更像是前置性地模拟了建筑师的工作。这种理解、修正、再创造的过程恰恰就是对建筑师思维的模拟。

设计启蒙

创造空间的能力需要后天获取。专业人员必须通过设计训练来实现能力的跨越。培养建筑师始终是建筑学重要的任务之一。设计启蒙阶段，我们应注重引导学生理解建筑设计的基本问题、建筑设计的基本操作、建筑设计的基本态度。基本问题主要在于理解空间形式、空间使用、材料建造等学科重点内容，基本操作主要指掌握空间形式操作的基本技能，而基本态度则是代表设计应当鼓励什么、杜绝什么、避免什么，至少在启蒙之初，一定要树立对于高品质设计不懈追求的态度，并适当保护和激发学生的设计冲动。本书所说的“看得见风景的房间”即是一种设计态度，意在树立学生追求高品质空间的意识。

场，场所之意；景，景象之意，场景即基于场所形成的某种景象，意味着行为和事件的发生，是空间被激活的象征。

02 场景营造之于建筑教育

场景在不同专业领域的具体内涵有所差异，最初主要在电影、戏剧、话剧等领域使用，后延伸至商业策划、网络传媒等更加广泛的领域，其共同特点是围绕具体目的进行设定。拉普卜特等学者将其定位为对行为具有引导作用的空间要素的组合，而丹尼尔 · 希尔和特里 · 克拉克则将其定义为一个地方的整体文化风格或美学的特征，是多种特征的组合。在建筑学、风景园林等专业中，场景则超越了上述概念，可以是设计高度控制之下的场景，亦可以是自组织而形成的偶然景象；一方面取决于自上而下的设计，另一方面源于自下而上的生活。很多设计的空间并没有出现预期的场景，因此场景是不可以被设计的，它只能自然而然地发生。需要注意的是，空间具有一定的包容性，它能够承载、容纳多种多样的场景，当某一个场景没有发生时，这并不足为奇，反之，如果最初的设计没有预留相应的支持性条件，它便没有了发生的可能性，因此设计提供的是场景发生的“可能性”，而非“绝对性”。整体而言，建筑学语境中的场景关注的是人与物质世界共同组成的场景，其存在的意义不是“展示”，而是“体验”，其中包含了更多的互动、参与。

场景的来源包括现实场景（例如建筑场景、生活场景、行为场景等）和虚拟场景（例如文学场景、电影场景、游戏场景等），不同类型的场景信息被感知的方式不同。现实场景指存在于物质世界中的客观存在，往往是以全信息的方式存在，人在现实场景中的体验结果与个人关注的内容密切相关，如果要进行表现，现实场景是需要被精简提炼的。文学场景是依托文字这样一种抽象的符号和读者自身经验所形成的意象之中的场景。我们在阅读时，脑海里会不由得出现许多逼真的场景，这其实是调动自己过去无数体验的再构建。对于同样一段文字，个体所调动的记忆存在差异，因此不同读者脑海中的场景形象并不完全相同。电影场景以图像化的方式输出，观者接收到的图像化信息相差无几，是被提炼后的信息再现。这里不妨运用比较法来分析建筑场景与电影场景、话剧场景间的差异。

建筑场景与以电影艺术为代表的二维艺术场景相比，二者在叙事及信息抽象提取、筛选、再表达等方面有诸多相互借鉴之处，但最大的区别可以概括为两点。其一，建筑场景通常借物质的、抽象的特征来传递空间的感受和信息，这是建筑区别于文学、话剧、电影等具体艺术类型的典型特征。这些抽象的信息以抽象的整体性特征影响着“使用者”。其二，对真实空间的体验，二维艺术表现出的是视觉模拟下的虚拟空间，但对于建筑场景的真实空间感的把握还需进一步深入体会和思考。话剧是在一个背景化的场景里强行用语言或肢体方式进行表现，其场景服务于“被观赏”的目的，在空间层次、场景要素等方面经常采用夸张的手法，场景本身不具有真实的体验感，看似三维，实则只是升级版的背景，往往带有强烈的具象特征、符号化特征以及要素堆叠特征，将所要传递的场景信息以非常直白的方式进行表达，而这些恰恰是在建筑学的场景营造训练中较为忌讳的。相比之下，建筑场景服务于“被体验”的目的，这一点与话剧布景严格区分。在建筑场景中，场景要素以沉默的方式进行叙事，通过场景的提示，无论是身处其中的参与者还是置身事外的观赏者，均通过场景“提供”的暗示激发联想、引起共鸣。

以悬念大师阿尔弗雷德·希区柯克的影片《后窗》为例。全片只有两类场景——窗外和窗内，却涉及十多个人物及多条故事线，让观者看完影片之后仍然心有余悸。电影场景的信息传达逻辑严密，通过镜头用简单的方法讲述复杂的故事，而不是靠拍摄干巴巴的人物对话。在开场的两分钟里，角色没有任何一句台词，通过镜头已交代了大量的背景信息。开场第一个镜头，观众便清楚地了解到故事的整体环境。镜头呈现了睡在阳台上的男主角脸上的大量汗水、温度计显示90多华氏度（天气非常炎热）、男主角腿上的石膏（受伤无法行走）、桌上摆放的摄影工具和相片、未冲洗的负片和杂志正片（摄影记者的身份、爱冒险的性格）……这种性格的男主角，却因受伤在家静养，无聊寂寞下，只好通过观察窗外来解闷，这为后面发生的一系列惊险故事铺设了前提条件。男主角通过窗户观察到的“风景”，是邻居们一个个如连续剧般的小故事。一个“窗口”就是一条故事线。导演用巧妙的主客观镜头的切换，制造了一种“你站在桥上看风景，看风景人在楼上看你”的奇妙感觉。在不知不觉间，观众也开始对“邻居们”的生活好奇了起来，想和男主角一起通过

“镜头线索”寻找真相。不难看出，电影中的场景是作为背景出现的，并不需要研究场景空间的真实感，然而真实的空间感恰恰是建筑的灵魂所在。换句话说，真实空间是建筑设计研究的主体，而在电影中只是起衬托作用的背景。与此类似，话剧场景虽是三维实景，仍然与建筑真实场景有所不同。话剧场景是高度抽象凝练、服务于舞台效果的场景，观赏角度也相对固定，看似三维，实则在本质上仍只是二维。

图 / 电影场景服务于情节：以《后窗》为例

图 / 话剧场景服务于“被观赏”的目的，带有强烈的具象特征、符号化特征以及要素堆叠特征，看似三维，实则只是升级版的背景：以《雷雨》（上图）和《婿事待发》（下图）为例

建筑空间场景服务于“被体验”的目的，在现场使用中完成认知。以华中科技大学建筑系馆中厅为例，建筑相对沉默，空间只“提供”某些可能性，其余的交给使用者和时间。教学交流、评图活动、作业展览、讲座报告等各种场景，随着使用者介入空间而被真正激活。

场景思维与建筑设计

空间场景是如何被认知的，或者说是如何被大脑识别的？场景思维有什么样的特点？在有关认知的理论当中，格式塔心理学始终占据着重要的地位，它强调人脑的作用原理是动态的、整体的，反对在认知过程中拆解元素，对于场景的认知亦是如此。例如，当我们看到天空中飞过一只小鸟，那么这只鸟与天空是作为整体一次性被大脑识别的，我们不会去想是先看到了这只鸟，还是它身后的天空，更不会去想先看到的是鸟的身体、翅膀还是眼睛，我们的脑海中是一次性地呈现这些信息的。那么，如果我们要教给一个小朋友有关小鸟的认知，只要这个整体场景出现，他自己就会有非常整体的感悟，而无须我们带他去看小鸟的标本、帮他拆解小鸟的身体构成和向他讲解小鸟具备飞行的能力。基于大脑认知场景的整体性，我们认为在建筑学一年级的第一次作业训练中，将空间场景作为整体进行判断更加符合认知规律，对场景的整体意义进行把握与我们认知事物的规律更加接近。

因此，场景思维是指运用综合的、整体的思维方式进行认知判断，着眼于对复杂物质世界的整体把握，这与纯粹强调理性的分析并不相同。在建筑设计中，我们最终能够提供给用户的正是有关某些场景产生的可能性。

场景是空间力量得以实现的具体体现，是建筑作为生产要素的关键。当我们赋予空间具体的使用场景时，其价值才算被真正激活。我们所构建的建筑物必须转化为场景才有意义。随着场景的消失，空间价值亦发生剧变。同时，场景是空间体验的产物，体验之后的营造过程是在提炼经验记忆的基础之上进行的。在本书中，场景是物化要素组合而成的空间场景与人的活动共同构成的整体。但因为训练手段是运用模型进行场景模拟，在某些方面借鉴了其他领域的方法，所以场景在一定程度上包含了更广泛的定义。

认知的过程本身是将客观事物主观化的过程，这便是我们选择基于印象的场景营造的原因，相当于依托既有体验的重构，而非基于观察复现的场景营造，前者本身已经是客观事物主观化之后的结果，这种对印象中场景的整体意义的把控与更深层次的精神内涵往往密切相关。当进行场景营造训练时，我们已经有了对“认知并创造”场景的思考，因此，该训练不对场景的真实性做绝对要求。

场景营造与设计类教学

场景营造作为一场有关建筑认知和启蒙教育方法的反省，其首先是一个过程。在以往的教育中，我们总是迫切地想要教给学生某个知识点，在大多数的教学总结中也是如此，但对于建筑启蒙教育来讲，海量的知识点中哪一个或者哪几个是最重要的？或许没有人可以明确、权威地回答。相反，带着学生一起认知建筑并在认知的过程中有意识地去学习方法，才是一种将过程、思维、方法置于更重要地位的模式。对于初学者来讲，一种理解建筑物的方式就是读懂场景，并在这个过程中领悟它的价值和意义。在启蒙初期，我们强调树立将空间问题放在一个由不同因素构成的更大的系统当中去看待的意识，只有当空间与场景中各项要素产生联系的时候才能被真正激活。在第一个训练中便强调这样的关系，是为了避免就空间论空间、就形式论形式的学习模式，或者说是在对内容要素聚焦之前，先建立整体印象，让学生理解建筑学更加完整和丰富的意义。

与场景营造密切相关的理论为场景理论，不同学科从多元视角诠释场景，虽然场景理论自身亦不完善，但在建筑学教育的初期，场景理论仍然具有极强的实用性。它对场景的维度、场景的力量、场景的可识别性等问题的探讨能够直接支撑场景营造的训练。场景营造不等同于场景复原，这是一个“信息输入—加工—提炼—输出”的过程，而非照相机式的全信息记录。场景营造训练是基于印象深刻的事物进行的，其原本已经经过了时间和记忆的筛选。场景营造训练是提炼和重塑的过程，是对“印象”进行理性分析之后的形象化表现，是对内心世界的重新审视。在加工原始信息的过程中，需要决定哪些信息予以删除、哪些信息予以保留、哪些信息予以修正，甚至在重新审视的过程中，也可以进行更多可能性的探索。最后，在场景营造过程中，对文本场景、图像场景、空间场景三者进行切换，展示了场景营造训练是一种具有广度和互通性的训练方法。

场景营造训练是一种能够提升叙事能力的训练途径，提示学生去辨析哪些内容影响了人们的体验，以及场景是由什么构成的。具体来讲，根据场景营造的目的，场景可以概括为描述性场景和解释性场景。描述性场景是指以物化的方式呈现场景是什么；解释性场景则是在客观的“是什么”的基础上，通过刻意地强化（或弱化）某些元素来引导人们进行场景中有关“为什么”的思考，通过强化场景中的必要性信息，以模型的方式完成场景营造，从客观的讲清楚到围绕目的讲清楚。从教学训练的角度，我们侧重于对解释性场景的训练。场景营造训练是让空间和事物以相对自明性的方式实现叙事、唤起共鸣，而非在一个背景化的空间里强行用语言陈述。

场景营造是教学研究中一种强有力的表达媒介。对于场景，文学以语言文字的方式呈现，电影以图像的方式呈现，建筑学则以空间、物化的方式进行表达。首先，场景信息想要在不同的主体之间传递，就必须依托于某种能够承载这些信息并方便被识别和读取的方式。建筑设计初步课程作为建筑设计的前导课程，除了担当认知、思维启发的角色，还承担着表达力训练的任务，尤其是关于二维图示和三维空间。作为建筑学一年级新生的第一次作业，以模型为主的优势在于可以适当跨越大部分学生缺乏手绘基础的客观障碍，降低操作的门槛。其次，场景营造的表达过程还应引导学生思考自我表达如何与大众认知保持接近。这里所说的接近并非操作层面的标准化、规范化的要求，而是指场景所反映的信息与他人读取之后所理解的信息之间尽量匹配。形状、色彩、质感等，本身是中性的，但是在不同的文化背景下被赋予了不同含义。例如，红色在一些地方象征温暖、忠诚，但在另一些地方则代表着血腥和暴力。这便需要提示学生：自己构建的小场景是建立在更大的文化背景之上的表达，设计之初就需要有这样的意识。

综上所述，场景营造作为一种训练方式，其首先是一个过程，其次是一种方法，最后是具体载体中所承载的相关知识点，与前文“建筑设计初步教学中的重要性排序”的论述完全一致。

设计类教学中的主题式命题

“场景营造：看得见风景的房间”区别于直接关注某一建筑类型或者聚焦某一建筑学问题的课程设置，是一个去功能化的命题，具有一定的综合性。初次见到这个题目的读者可能会自然而然地产生疑问，这个课题是一项设计吗？这里必须对“设计”本身的内涵以及理解方式进行解析。设计具有“作为结果的名词属性”和“作为过程的动词属性”，在教学活动中尤其强调后者。该命题的目的是通过场景营造的过程和对场景内容的解析，理解建筑学所关注的虽然离不开物象，但绝不止于物象，即建筑所具有的潜能究竟是什么。作为建筑设计初步教学的第一课，我们试图强调场景的力量，将建筑的潜能落在以人为中心、被激活之后、情景交融的场景之上，无论从场景要素整体性的角度，还是从人对于空间体验的角度，出发点始终聚焦的是场景整体及场景内的各种关系。对于初次训练，原始信息的输入服务于场景信息的输出，在这个过程中大脑经历了信息的调取、筛选、重组、优化、输出等一系列过程，最终所塑造的场景于设计主体而言，是先于事物存在而进行设想并表达出来的过程，这个过程是对设计思维的训练。因此，站在过程性的角度，教学中学生所有的操作都属于设计训练范畴，从训练的角度来说，严格区别于照着某个具体的图像进行复原和再现。

设计活动依附于“设计主体”，任何一位设计者在完成设计的过程中必然依托知识的沉淀、个人的经验、问题的解析、创新性的构想等诸多方面。对于入门第一课，学生所能够依赖的几乎只有个体的经验和创新性的构想，即便其依托曾经经历过的某个印象深刻的场景产生一个似曾相识的作品，抑或天马行空地制作了一个超越现实的作品，从设计的过程性来讲，这些均可被涵盖，从结果的角度来讲，均属于场景设计。因此，结果的创新性并不构成反向论证其是否属于设计的依据，信息在大脑中加工后重新输出产物的过程才是教学中对于“设计”的训练。

因此，可以明确的是，“看得见风景的房间”这一命题将任务限定于“场景”构建，具有设计的属性，但并非“建筑设计作品”，本身并不需要解决什么实际的建筑学问题。对于初学者而言，任何综合性的问题都必须进行详细拆解。学生沿着拆解之后的脉络逐渐深入，并体会每个环节的重点及环节之间的切换方式。注意，这里所说的拆解是指整体任务统筹下的环节拆解，而非场景要素拆解。

场景中的空间意识

在命题探索服务于基本定位的前提之下，首先需要考虑的便是空间意识的唤醒。“埏埴以为器，当其无，有器之用。凿户牖以为室，当其无，有室之用。故有之以为利，无之以为用。”老子的思想是我们在谈论建筑空间时常用的引借。空间作为承载生活的容器，往往以背景的方式存在，而与人们直接接触的实体事物往往处于更加凸显的地位。因此，学生对身边环境的感知在很大程度上被前景的物占据，对空间的感知更多停留在背景层面。场景与空间有关，但在没有成为空间专家之前，很少有人尝试将场景中的空间剥离出来讨论，这种剥离就像从生活场景中看到空无一物的房间一样。因此，这里所说的意识唤醒在很大程度上是对空间意识的唤醒，从学科任务的角度，教学必须引导学生跨越前景的干扰去关注作为背景的空间。之所以称之为唤醒，是因为空间本身就在那里，建筑师只是从漫无边际的大空间中限定了局部，并在这个微小的局部中为人们营造了相对可控的体验，也就是说，建筑师并不是创造空间，而是利用空间限定形成或创造新的体验。

有关空间单元的选择，可以参考丹尼尔·亚伦·西尔在《场景：空间品质如何塑造社会生活》一书中有关进化生物学的比喻，即在生物学界如果仅仅观察体量庞大的动物（例如大象、鲸）或者非常长寿的物种（例如海龟），那么生物学家们是很难在短时间内找到基因奥秘的。然而，如果将观察的对象换成一个更小的分析单元，例如果蝇，其本身基因序列简单且快速世代交替，生物学家们则更容易发现有关基因的秘密。同理，在建筑认知当中，如果我们直接呈现的是一栋庞大、完整的建筑物，那么，学生的视角则更多聚焦于其外观和整体的构型上，难以快速领悟建筑学中“空间”这一核心议题。因此，选择适当尺度的分析单元是把控认知深度和关键点的关键。

“房间”作为人们体验建筑、与建筑产生互动的既常见又直观的单元，具有深入探究的可行性，聚焦于房间，更容易使学生发现建筑空间的奥秘。“房间”相比“空间”一词更倾向于被包裹、被限定范围，可借助空间尺度、形状、容积、边界特征等进行判断。“看得见风景的房间”命题的核心塑造对象为房间的内部空间，强调内部空间的塑造和感知。在课题探索之初，我们也曾提出过“窗外的风景”这一近似的表述，但“窗”限定了视线的媒介，“外”限定了主体所处的位置只能在室内，“风景”成了塑造的重点。经过对比，站在建筑学学科的角度，我们坚定地将命题修改为“看得见风景的房间”。“房间”作为空间限定的基本单元，边界的出现强化了空间的存在，在训练当中具有很强的提示作用，将建筑作为“容器”的思想自然而然地代入。当人们站在空荡荡的房间里时，会不由自主地想象未来如何使用它，以及幻想里边可能会发生的故事，即这个容器可能承载什么。“房间”相较于“空间”对于初学者来讲更加具体生动，利用单一空间的浓缩的场景可以更加有效地达到意识唤醒和思维训练的目的，避免精力被繁杂的工作消耗。

那么，空间意识如何被唤醒呢？意识唤醒阶段刻意训练的是专业的敏感度，因为对于建筑师而言，无感、漠视是非常大的障碍。“看得见风景的房间”这一命题中，无论是由外而内的光线，还是由内而外的视线，似乎都在窗户这个边界区域有着丰富、动人的体验，这是一个“暧昧”的区域，是开敞性 / 私密性、稳定性 / 变化性、内部 / 外部等诸多建筑语汇的交点，也是许多场景在空间区域中的叠合。对于个体而言，生命中总有一些印象深刻的场景，或许是刹那的珍贵的场景，或许是长期持续性的再现形成的印记，总之一幕幕鲜活的场景组成了人生的体验。面对处于建筑学入门的初始状态的学生，我们很难直接给出什么是好的空间场景的答案，与其用各种有关场景设计的规则去框定一个答案，倒不如从每个人印象最为深刻的场景出发进行回溯，相比直接给予建筑学中的经典内容，我们选择让每个学生从自身的印象出发，先将那些印象深刻的场景找寻回来，再对曾经过往的无意识体验进行反向解析。

建立自我与突破自我

“看”“得见”“风景”等语汇在“房间”之前出现，指向了“人”的存在。由于这一命题是基于自身的印象出发，回溯的过程首先是对“自我”的研究，其次才是对更加普遍的“人”的研究。尽管教科书中反复强调建筑设计是为他人而作，建筑师应当先关注他人的需求，然而建筑师能够与他人需求共情的前提是“自我”丰富而敏感的体验。设计创作的源泉，根植于建筑师的直接体验以及由共情所衍生出的间接体验，我们希望学生在入门之初就明确地意识到这一点。虽然以自我的小样本推理出群体需求在科学研究中难免谬误，但普适性规律往往就来自一个又一个样本的积累和总结、归纳，而“我”并没有什么特别，“我”本身亦是普适性规律的一个样本，因此初学者从“我”出发探讨设计并无不妥，基于自身印象的设计模拟，本质上是巧妙地将自我与本次场景设计当中的他者进行叠合，在探讨他者之前，“过去的我”成为“现在的我”期间的经历、体验便是“看得见风景的房间”命题产生的语境。

在启蒙阶段，老师还应提示学生通过发散性训练突破个人的思维定势。这里仍然以空间场景的塑造为例。个体不可避免地存在思维定势，因此在建立自我之后还需突破自我去寻找多元的答案。当提及“看得见风景的房间”的时候，个体对于房间形式的思维定势，源自接触环境的单一，盒子空间占据绝对地位；对承载内容的思维定势，源自生活阅历尚浅以及生活形式单一，三点一线的高中生活使得诸多学生在看到命题时眼前最初浮现的情景都是卧室、客厅、教室；对风景类型的思维定势，源自思考深度的不足，初期学生对于风景的理解往往限于自然风光。教学过程的优势便是用集体的多元和发散来帮助个体突破自己的固有认知和思维定势，用集体的力量来滋养他们自身的成长，即就同一命题在不同解答中互相学习、互相启发。

内容适配

“看得见风景的房间”这样一个较为自由的主题或者经历，几乎每个人都有，但每个人心中的那扇窗以及窗外的那片景又极具差异性，我们希望任何关于启蒙的课题都不是晦涩的，而应该是生动的、生活化的。主题的选择应以预设的训练目标为核心，兼顾学生的学习体验，因此主题本身必须兼顾训练的意义和过程的乐趣。“看得见风景的房间”没有传统建筑设计初步课程关于形式训练的过多限制，这一主题契合了场景认知的整体要求、空间意识的唤醒、建立自我与突破自我等核心要求，并且是一个可以满足各种认知深度的命题。它不因每个人过往的差异而设置门槛，可以说具有能力适配的弹性范围，避免了学生畏难情绪的出现。

“看得见风景的房间”作为一个情景化的、去功能化的命题，每个人都会给出不同的答案，甚至同一个人在人生不同阶段随着认知的变化亦会给出不同的答案，这正是这一命题内容适配性高的体现。

03 场景营造主题：看得见风景的房间

建筑并不是一个对象，或者说不只是一个对象，于其内部的流动、体验或许才是建筑的核心，而在传统建筑基础教育中，场景经常处于被忽视的地位。近些年体验、情景等虽然被意识到，但是仍然缺乏成熟、有效的训练方法。“看得见风景的房间”是一个跨越类型的建筑学命题，旨在探讨另一种理解建筑的途径和设计教育的新模式。认知本质上存在整体性特征，但是为了将无意识的、模糊的感知转为专业的、有目标的认知，教学过程中不得不进行拆分讲解，因此认知过程可以有侧重点，但不应孤立看待。看得见风景的房间作为一个整体的场景，其本身不可拆分，但从教学引导的角度又不得不拆分。基于场景整体性的原则，这里选择从多种视角进行有侧重点的解析。

看得见风景的房间

“看”作为一个视觉活动，按照浅层次传统视知觉模式来理解，就是外在光线在视网膜成像，经过人的大脑加工而形成视知觉。从这里我们获得了三个方面的要素——客观的光媒介、人眼的成像机制、人的大脑等器官参与的信息加工和思维活动，最终人们通过“看”形成了视知觉。由“看”这个简单平常的视觉活动延伸到思想观念上的“感知”，也许会使人陷入“什么是看”“什么是我”“什么是世界”等迷思，这里尝试从上述三个要素的角度逐一分析。

光作为客观存在，是使得“看”这个行为得以完成的重要媒介，是“看”得以实现的必要前提。然而光如同空间一般，两者都具有透明性，所以在普通人的观念中容易被忽视。光以一定速度传播，因而光在空间中的传播需要时间，从这个角度去理解，我们看到的瞬时景象和客观真实景象之间必然存在着时差，两者并不是同一静态的景象，因此我们所说的“看”的活动，必然具有了时间和空间的属性，而“看”的时空特性使得人类的视知觉变得丰富、微妙且富有无穷变化。

普通人通过一双肉眼观看客观世界是存在局限性的，从某种程度上说，客观世界并不是或不仅仅是我们肉眼所看到的那样。我们在某个时刻只能通过肉眼“看”到景象的某个侧面或局部，想要获得景象较为完整的印象需要经过长时间的观察，视点在空间中运动转换，从各角度获取图像信息，再由记忆参与共同构建整体形象。对于形成印象来说，在可见部分之外的不可见知觉部分其实更为关键。

人的大脑机能非常复杂，在获取外界刺激、分析信息、组织重构等环节，并不是单链条式的，而是网状交织式的。人在“看”的活动进行的同时已经有了思维的参与，而且有着强烈的个性特征。不难感受到，我们在“看”时具有选择性，人们投射到景物上的目光是带有意向性的，大脑会自动筛选出自己感兴趣的、与自己关联度高的信息，而屏蔽掉一些陌生的、不相干的信息，最终构建出自我脑海中的整体印象。

在数字时代，建筑空间不再仅仅是人类栖居之所，甚至可以是身体器官的延伸。比如，站上跑步机，四周出现林荫大道的虚拟场景；穿戴式设备让人随时办公、随时娱乐……不可否认技术是媒介，观看的方式受技术工具的影响和制约。从工业时代到数字时代，技术媒介的发展使得传统意义上的“观看”不断增强和外延。计算机数字技术使图像跨越了时空界限，将新的视域不断扩展。这种深刻变革深远地影响着人们的现实生活方式。从体验者的角度而言，人类感受世界的方式逐渐丰富，然而对于设计者而言，一切仍需要从提升根本的感知能力开始，持续保有思考的敏锐性，真正驾驭日益强大的技术媒介，如此才能在技术日益强大的时代使设计创作具有人情味与独特个性。

问题：什么是看？

看的状态：无意瞥见、双目凝视……只能用眼睛看吗？

看的视角：平视、仰视、俯视、环视……

看的伴随动作：坐着看、躺着看、走着看、趴着看……

看的目的：本能的需求、信息的获取、心理感受……

看的心态：主动看、被迫看……

看得见风景的房间

“得见”是眼睛与物体通过光线投射发生关联的过程及结果。在建筑场景中，“得见”包含“物象”和“视野”双重含义，前者指具体看到了什么，后者指看到的范围和可能性。就“看得见风景的房间”这一主题而言，主体的视角被锁定于房间内，意味着空间限定了过程，亦限定了视野，屋外的事物自然而然被划分为得见与不得见两类。“看”本身是个动态的过程，因此整体可感知的氛围远远超越某个静态视角的“得见”范畴。由对“看”这一视觉行为的思考出发，可从建筑学视角建立一种内部、外部空间共同形成的大的环境关系。“得见”强调了内部空间与外部空间之间的视线联通关系，通过“看”将房间内外连成整体，并延伸至如何看（获得视野的方式）、从哪里看（视线的通道）、看到了什么（视野中的内容）。

通过人的视线看“得见”的空间，实际上是一种视觉空间结构。视觉空间所呈现的内容不仅包含了人对客观物理空间的主观反应，比如人对长、宽、高数据的认知，还与注视者所处的空间位置和时间因素有非常大的关系。视觉空间着重关注的是以注视者为出发点，去体验和研究人与外界环境空间的相互影响关系。以视觉传达为途径的各设计类别，对于视觉空间的理解不尽相同。其中，建筑设计所研究的是从体验者的视点及视线出发，对真实空间的视觉空间进行呈现，这里强调的是身处真实空间的感受。这不同于图像数字化类型的视觉空间以传递信息为主要表现形式，无论效果如何逼真，都只是虚拟状态。建筑场景亦不同于其他艺术形式，是通过看到作品呈现的视觉空间效果，进而引发丰富的联想。视觉空间是人的视线中的空间，由人的视点和视线的移动才能完成空间的呈现，因此其受限于人视的特点明显。我们的目光在某时间段只会聚焦到一片区域内，如果视线焦点上有吸引我们的事物，它将非常清晰地成为“图”，而焦点以外的背景部分呈现相对模糊成为“底”，当然随着时间的延续也可能会发生转换，关注力转移到背景部分，此时出现了图底互换的反转。此外，人视的选择性也在空间的深度和层次上进行着，距离太远看起来比较模糊，往往沦为被忽视的背景。被前景遮挡了部分的后景，看上去是残缺的影像，但人的大脑的知觉特性能把被遮挡的部分重组补充完整，不过即便如此，后景也不如强势突出的前景更吸引人的目光。

对建筑空间而言，以观察者眼睛为起始点发出的视线所形成的视域有一定范围，用径向坐标来理解的话，可分为上下维度、左右维度、纵深维度。视野是我们通过设计调控提供的得见可能性，而视野之中具体的内容则具有很大程度的不确定性。我们身处一个真实空间，总会从一个特定的视角去观察外界环境，扭动头部改变注视方向来获取新信息总比改变位置、移动视点要快，而且改变视点再观察往往会产生完全不同的颠覆性知觉。因此，从快速获取感知信息的角度而言，改变注视方向能快速得到信息，这些信息是相对平面化的，但关于纵深方向的信息要相对少得多。然而对于建筑空间而言，空间深度感知恰恰是最重要的方面。比如，我们通过物与物之间的相对大小、遮挡关系、阴影信息和运动视差等方面获取深度线索，判断人与物之间的相对距离，获得物象的景深感和完整的空间感。在“看得见风景的房间”这一命题中，“得见”的内容即视野范围内的一切实体和通过实体所感知到的虚体。

房间内部的所有实体要素以及处于视野范围之内的风景要素均为“得见”的具体内容，房间本身是虚空的，因围护体作为边界而变得有形，可感知的空间与视野范围之内的实体要素共同叠加，形成了视野当中的重点和层次。令人印象深刻的建筑空间场景，其空间与实体要素均经过精心设计，形成了良好的视觉引导性和空间层次感。当人们进入一个被限定的空间，在感知整体环境时，第一眼自然而然被吸引去关注的部分就成为空间中的重点。转变视线再看第二眼、第三眼，会对不同的实体部分或不同的空间部分有着次递层级的不同程度的关注，这就形成了空间设计的层次。缺乏层次的空间往往过于直白，一眼就能看穿，缺乏韵味。当然，空间中关注的重点会因人而异，这时就需要建筑师基于自己敏锐的感知，有意识地用建筑专业的语言去表达出空间中的重点和层次。

“看得见风景的房间”中的空间重点，无疑集中在房间中“得见”风景之处，即开窗附近的区域，那是获得信息最丰富的区域。进而围绕着重点部分，房间中的层次进一步展开。单一的空间并非单调的空间，空间层次的营造对于叙事空间来说是必不可少的，通过一系列不同层级的细节信息的呈现，为故事的发生、发展提供合情合理的场所。对于空间重点和层次的表达，人们常常会想到运用实体的物性特征来实现，比如通过形状、材质肌理、色彩，以及细节的精美等来强化其在空间中的存在感。这些手段当然非常有效，但也不应忽视光对于表现空间重点和层次的非凡力量。比如，在单一空间中，运用光线进行局部照射可使空间在亮度上形成强弱差异明显的不同区域，相当于对大的空间进行了再次界定和细分，同样产生了丰富的空间层次。我们还需要对“得见”这一结果进行逆向思考，即得见的范围并非越大越好，得见的结果亦并非越多越好，正是有了对“得见”方式和结果的设计，才让建筑空间场景中的“看”变得有趣。

问题：什么是得见？

为什么“得见”很重要？

视野和视线是一回事儿吗？

不同类型的洞口在视野控制中会有怎样的差异？

光线是如何进入房间的？

下面以勒·柯布西耶“水平长窗”和路易斯·康“锁眼窗”中有关“得见”这一关键词的思辨为例进行说明。

1923 年 12 月 28 日的《巴黎周刊》刊登了一篇 Guillaume Baderre 的文章，题目为《第二次对勒·柯布西耶的专访》，该篇文章是在对水平长窗支持与反对辩论最为激烈的背景下发表的。简言之，传统的竖条窗是砌筑时代的产物，在钢筋混凝土使用之后，洞口的形式在很大程度上获得了自由。报道中对柯布西耶进行了支持，称“即使是面积相同，它（水平长窗洞口）的形状能够保证将所有入射的光线集中在视平线高度上。对比于传统的竖条窗，（水平长窗能使）大多数光线照射到房间的中部，在房间中最富有生机的部位”。同时，水平长窗能够最大限度地降低视野被窗间墙打断的现象，从而使人们获得更加良好的观景体验。柯布西耶在日内瓦湖湖畔的一座小房子成功地对这一观点进行了佐证。但是水平长窗的反对者厌恶全景，并坚持认为“太过透明的界面使得室内外的界限模糊了，严重削弱了房间内部的感受”。在这一场争辩中，传统竖条窗的支持者认为窗户本身是用来界定空间的，竖条窗恰到好处地掌握了分寸，并具有一定的排他性，从而保证了室内空间的安定，而水平长窗的全景式做法是对室内外边界的过分消解。如今看来，一切只是人们的选择不同而已，水平长窗所带来的视野优势早已深入人心，但人们或许并不知晓其诞生之初的争论。

图 / 勒·柯布西耶（1923 年）日内瓦湖畔的小房子水平长窗中的视野

图 / 引自著作《自然光"照明"：住宅中的自然光》

路易斯·康在玛格丽特住宅中发明的"锁眼窗"，相当于水平长窗与竖条窗的组合，上部与顶棚齐平的水平长窗一反常态地没有处于正常的视野范围内，而是帮助室内获取更加充足的光线。相反，竖条窗一方面可以看到外面的情景，另一方面又确保了房间内安定的氛围。角落里的两把椅子以及为了取书而设置的爬梯，都提示我们这是一个看得见风景的房间，但并不是一个为了看风景而存在的房间。因此，"得见"这一关键词强调的是对视野的主动性控制。

看得见**风景**的房间

“风”与“景”的本义都是一种自然现象。“风”为空气流动，“景”为日光，风景是由光对物的反映所显露出来的一种景象，因此人们在提到风景时往往优先联想到的是与自然风光相关的内容。随着词义的逐渐演化，风景指能够满足人们审美与欣赏的事物，在自然风光的基础上延伸至人文景观，甚至一切被主观认为美好的事物都可称为风景，其感知途径也超越了视觉。景物、景感和条件是构成风景的三类基本要素。景物指风景的客观存在，景感是人们对客观存在的主观反应，条件则是空间、时间、文化等感知风景的特定关系，因此更加广泛的风景可以概括为“人与景的互动关系的显现”。

自然景观是外部环境中人能感知到的一切自然要素，包括高山河海、阳光雨露、风霜雨雪、鸟语花香、山泉淙淙、微风斜阳……这些要素之所以带给人们别样的心情，是因为作为“自然的人”，人本身具有亲近自然的天性，我们称之为亲生物性。一旦这些要素与人之间建立互动，其自然而然引起愉悦，从纯粹的物转为自然景观。那么，如果房间内看到的外部环境并非理想的自然景观还有意义吗？对于大多数的城市空间来讲，窗外未必总是理想的风景（scenery），但我们仍然要争取视野（view）。这是因为自然的信息范围极广，视野至少带给我们“光线”“天空”“天气”等信息，这便也解释了即使窗外并没有具体的物化的风景，视野却仍然足以提升一个房间的幸福感的原因。久而久之，人们在体验自然的过程中积累了大量的互动场景以及场景内丰富的活动，使得一些原本没有情感的物被主观地赋予了某些特质。比如，王维借“雨打芭蕉”来抒发内心的情绪，李清照也曾写过“窗前谁种芭蕉树，阴满中庭。阴满中庭。叶叶心心，舒卷有馀清”，李商隐的“留得枯荷听雨声”中秋雨洒落在枯荷上发出错落有致的声响，闻之别有美感。芭蕉、荷叶这些原本的自然景物因与人的互动而带有情愫，景物与人共同构成了情景交融的场景，使得自然景观的内涵带有了互动性。

人文景观又称文化景观，是指在自然环境的基础上，经由人类不断努力而沉淀的智慧的结晶，它能够反映一定的社会、文化、地域等内涵，例如城市风貌、历史信息、时代印记、生活方式等。人们对于人文景观的感知往往具有群体认知的共性，它可以是某个时代的、国家的、民族的共同认识，当这些由特定群体构建的共识向外传递时，便成了人文景观，城市建筑本身是充分传达这些印记的良好载体。例如与本书同名的小说《看得见风景的房间》讲述的是 19 世纪发生在佛罗伦萨的故事，就场景而言，佛罗伦萨的街景本身就属于典型的人文景观。此外，人文景观也包括个体对于某段经历的情感寄托，其虽未必是共识，但对个体而言同样构成风景，这些因人而异的植入让人文景观具有了更加强大的生命力。比如，笔者一位远在异国他乡的老同学印象中最美的风景就是小时候生活在长江边时看到的画面。7 月，他和小伙伴们聚在武汉长江大桥的武昌桥头堡下，一边乘凉戏水，一边观看勇士们横渡长江的热闹景象。当时的江滩远没有如今这么漂亮，但对于这位老同学而言那段经历本身就是自己的风景。白天老人们在大树的绿荫下对弈，孩子们三五成群欢快地放着五彩的风筝，傍晚时分华灯初上，此时沿江漫步是最惬意的，黄鹤楼、晴川阁、龟山电视塔尽收眼底。武汉因长江而兴，由一个水上“码头”慢慢发展起来，可以说长江赋予了武汉特质，塑造了武汉人的性格。在这样一幅风景画卷中，传递出的是历史文化的积淀以及个人过往的回忆，这样的画面也成了那一代人的情感共鸣。

什么是你眼中的风景？
你的风景一定是别人的风景吗？
如果没有常规意义上的风景，
视野还有哪些意义？
有没有拒绝风景的房间？

自然风景 / 人文风景
风景于外 / 风景于内
静态的风景 / 动态的风景
眼中的风景 / 心中的风景

在“看得见风景的房间”这一命题中，景物的内涵主要指向与建筑内部空间相对的外部环境，景感以视觉感受为主，条件则是身处房间内部，通过视线穿透内外空间的边界进行互动。在这里，风景是一个明确的褒义词，是为人所欣赏的存在。可以肯定的是，在该命题中，景物的范畴覆盖自然景观和人文景观两类。“你站在桥上看风景，看风景的人在楼上看你”这句话很好地说明了自然风景与人文景观的叠合关系，以及属于楼中观者独有的景致（看你）。

从场景营造的角度来看，存在于建筑外部的环境并不都是美好的，这时就需要建筑师进行发现、选择、利用、营造等一系列操作，使场景中的风景符合整体的设计意向。如果周围的大环境很糟糕，那就以墙屏蔽，在有限的条件下营造属于自己的小风景，即为造景。如果室外有值得欣赏的内容，即使不在自己的用地范围之内，也想尽一切办法引入，即为借景。场景营造中的风景与房间、风景与人等并不是割裂的关系，它们共同形成场景的统一氛围。在场景的营造过程中存在的每一个要素都应当服务于需要表达的意向，对那些干扰性信息或可有可无的部分则应当果断删除。也就是说，风景是经过设计思考和处理过的环境，而非外部环境的原始状态。一般的理解是人在室内，风景在室外，但稍微细想，风景也可能在室内。当房间的边界过于弱化（直至发展为亭子或者玻璃屋）时，外部风景延伸至室内，形成整体的氛围，此时内与外的边界就消解了；反之，当房间的边界过于强化（直至发展为黑房间）时，外部风景消失，这仍然意味着房间内部具有产生景致的机会，例如室内的造景、虚拟景观以及任何在观者眼中值得欣赏的事物。就本次设计训练的命题来讲，我们主张在场景中实现内外关系的探讨，使场景具有一定的层次性。

看得见风景的房间

房间（room）具有空间 (space) 属性，但不仅仅是空间。获得空间是人们建造实体的直接目的，建筑实体构成建筑空间的边界，实现了对空间的人工化限定，而获得空间的终极目的是承载生活中的人与物。其中，“房间”是人们体验建筑、与建筑产生互动既常见又直观的单元。选择“房间”一词的主要原因有三点。其一，被包裹的属性是室内空间区别于室外空间的本质特征，是建筑学从无边无际的大空间中营造小环境的任务所在。空间在限定的过程中，注定无法与大环境割裂，内部空间与外部空间的联通关系无法规避，可以自然而然地带出与房间相关的内和外、房间的界面等内容，因此，“房间”这一概念极为契合对空间的包裹、联通等问题的讨论。其二，房间大多数情况下属于单一空间场景，有利于屏蔽空间组合、空间序列等复杂问题，对于新生入门的第一次训练起到了场景聚焦的作用，避免学生陷入对过于复杂或宏大场景的思考，在建立更加宏大的景象认知之前，房间是能够代入自身思考的典型空间。其三，房间体现的是我们对于可控制的局部环境的追求，这样一个范围的限定在有限的训练时间内容易被学生掌控。

这一命题能否改为“看得见风景的房子”或者“看得见风景的空间”？首先，“房子”的描述更多的指向建筑的整体性，即具有独栋建筑的特征，其体量可大可小且视角包含内与外，通常由多个单元空间组合而成，且有关房子的外观必将分散一定的讨论精力。“间”一方面是房子内部进行计量的单位，另一方面指向内部（例如中间、空间、彼此之间等）。本次训练强调的是内部体验，因此

“房间”相比“房子”能够更加明确地表达内部的含义，有了“间”的概念后，人在房间里的活动、由内而外的视线等便有了进一步探讨的基础。那么，可不可以直接使用“空间”？空间一词过于抽象，而“房间”一词更加具体，更容易入手。房间有着某种具体特征，其中也可能发生了某个具体的故事或事件，由此展开思考顺理成章，也更加贴合我们期望学生建立自我的目的，以及在训练过程中实现培养叙事能力及共情能力的目标。“房间”一词还暗含了对于空间包裹特征的描述，或者至少所截取的场景片段来自有较明显建筑包裹感的空间范畴。其他比房间更加复杂的空间问题留待日后在长期的专业学习中进行讨论。

问题：什么是房间？

房间等于房子吗？

房子一定有房间吗？

房间与场景是什么关系？

房子是家吗？

房间可以来自极小的独栋建筑，
也可能来自某个复杂空间组合当中的截取；
可以是标准化的方盒子，
也可以是不寻常方式限定下的内部空间。

上图 / 空间的限定：黑房间作为洞穴餐厅

下图 / 空间的释放：亭中观景如在景中

场景中的空间

空间是一种客观存在，因而空间显然具有客观物性。从本源来看，客观存在的空间是不具有任何特质的虚空。然而在我们身边能认知到的各类空间，无论是自然空间还是人工空间，都具有各自独有的明显的特性，这些特性无一例外是外界物质赋予的。建筑实践中一直创造着各种空间，但空间作为建筑学真正核心议题的时间其实相对较晚。空间作为建筑的基本属性虽早已被人们领悟，获取空间始终是建筑的重要目标，但是在人类早期的建造活动中，解决本体的材料和技术问题足以牵扯建造的全部精力，空间更像是伴随建造结果一起产生的。随着建筑材料的突破、建造技术的成熟，人们终于有足够的自由度使得“空间”成为建筑学的核心议题，并可能先于“建筑物”而被讨论。在对空间的认知历程中，《建筑形式的逻辑概念》中指出，罗马万神庙正是由于内部空间的表达在外部被忽略了，才使得内部空间如此与众不同，作者托马斯·史密特认为万神庙标志着为了内部空间的建造登上历史舞台。体验外部空间是人类作为自然人必然面临的状态，而体验内部空间则是人类在生存过程中后天习得的。现如今，人类的生活高度室内化，大多数人每日 90% 的时间面对的都是室内场景，由于当今建造技术的突破，我们在讨论建造之前有了直接关注空间的可能性，这也要求建筑师给予室内体验充分的关注，尽可能以人视角度去研究空间。营造贴近于现实的感知是建筑师重要的基本能力。

空间是先于设计的存在，建筑师只不过是通过一系列专业手段去建造实体边界来围合、划分出适合于人类活动的空间范围，从漫无边际的大空间中营造出相对可控的小环境，因此，建筑师是利用空间限定创造新的体验。对于建筑空间而言，必然会存在内部空间与外部空间的关系，然而有时人们并不一定会有这种强烈的感受，原因主要在于空间围合包裹的程度不同，以及内外限定界限清晰度不同。对于“看得见风景的房间”而言，这个主题天然排除了绝对封闭的空间，而暗含了必须实现室内空间与周围环境的渗透，同时，又不能失去对房间的设定而让建筑内部空间无限释放的要求。那么，为了更好地实现“看”，在建筑空间的限定与释放的程度上需要巧妙斟酌。身处某些限定感十分强烈的空间中，人会感觉安定而自省，但是人始终对自然保持着本能、天然的亲近之情，建筑不应成为隔开人与自然关联的所在。因而在大多数情况下，建筑设计是遵从人内心的愿望而创造出建筑与环境融为一体的状态。我们通常会通过减少界面中“实”的部分，来获得空间的开敞感，其中光线和视线几乎不受遮挡，比如于亭中观景如在景中。

随着空间限定手段的极大解放、相对论的发展以及数字虚拟世界的崛起，空间的含义本身得到了很大的拓展，人们打开了通往虚拟世界的大门，许多事情可以通过移动互联在虚拟空间中完成，“元宇宙”概念极高的传播热度也提示了我们空间场景的内涵已经远远超越其相对实体的具有物质性属性的空间，智能时代虚拟空间的进一步发展会在一定程度上降低人们对于物质空间的依赖，人们对于空间体验的感受随着虚拟空间的发展亦有所改变。因此，这里可以尝试提出两种可能：第一，在真实世界的高品质体验仍将是人们的重要追求，它会在提升虚拟体验的同时获得更加辉煌的发展，从初级的生理需求走向高级的精神追求；第二，在虚拟空间里的场景体验仍然是需要人们去营造的，而这种新的体验模式与人类在真实空间中的感知之间一定有互通之处，因为人的感知、思维等内容是不可分割的，研究清楚真实世界的感知恰恰是通向另一世界的通道！

总体来讲，对于空间的定义或者理解，诸多学者进行过讨论，迄今没有严格而统一的定义，各类表述大致围绕着某种体验模式或者相对关系进行阐述，这里不对各流派一一列举。整体而言，对于空间的体验可以概括为依托身体行为及其延续形成的生理体验、依托心理感知的精神体验，以及依托抽象加工的理论空间体验。

回归到建筑学基础教育当中，“空间”一词在建筑设计初步教育中必须被界定，这里我们所探讨的空间仍旧倾向于传统建筑学范畴的物质层面的空间，区别于虚拟层面的空间，虽然已有学者认为建筑学应当重新探讨空间的本质，抑或至少拓展空间的内涵以适应虚拟空间在人们生活中日益升高的比例，并将这种对于虚拟空间的拓展落实到物质性空间的设计当中。同时，我们还必须意识到，当现实空间可以被虚拟的时候，空间的认知与设计将产生更多的学科发展方向，但无论如何，建构物质层面的空间作为建筑学核心这一观点不会被颠覆。在本次印象的空间化过程中，我们主要强调从印象到物质空间的转译。如果说对于印象中的知觉空间尚可讨论，那么对于更加抽象深刻的理论空间则暂不讨论，以避免混淆。

本次命题关注场景中的空间，即除客观物性之外，还赋予其更多的内涵。场景意味着人的行为和事件在空间中的发生，是物性空间被激活的象征，是建筑超越纯粹物质意义上空间和实体的根本。建筑师对人与建筑空间的关系存在着认知观念上的转变，过去建筑师习惯从居高临下的角度，或者是上帝视角来研究空间，而如今已形成普遍共识：人才是建筑空间的主体，建筑空间设计必须一同考虑人这一要素，人的行为与建筑空间需要形成有机结合。加入人这一要素，必然进一步丰富空间的内涵。对于建筑空间的探讨始终要落实到人存在的空间这个角度上才有价值。中国古代哲学观认为空间是两种对立力量和谐而又动态共存的统一体。由于有人的观察、体验、参与，由实体限定的空间形成了心理层面的“场”。身处其中的人们感受到实体与实体之间，以及人与实体之间的相互关系，通过空间中材料的质感、色彩、光等要素的共同作用，创造出不同的空间节奏，唤起人们的联想并激发各种情感。例如，清晨的山间，微风中带着草木清香，雾气缥缈间一缕阳光洒在小径上，间或听闻翠鸟的鸣叫……好一个荡涤人心的空灵之境。细想一下，空间中的光线、微风、雾气、鸟鸣……各种存在于空间中的物质共同作用凝结出场景的空间特质。

在场景营造中，本次命题限于“房间”内部，那么建筑外部空间的一切是否就不那么重要了呢？答案显然是否定的。在建筑设计中我们应该认识到环境对建筑具有作用力，同时建筑对环境也有反作用力，内与外共同构建更大的空间系统。在现实中，任何建筑空间都是处于更加宏观的大空间中的一部分，其所处位置本身就自带大环境的空间特征信息。我们通过感知并提取这种大环境所具有的一些共同的、清晰的空间特征，让建筑创作有所依托和指向，最终使得建筑内部空间融入外部空间形成有机整体。作为一个大的空间系统，建筑外部的空间特征本身是构成室外场景的重要内容，对于看得见风景的房间这一主题而言，室外场景甚至反过来决定室内空间是否成立，室外本身也是人文景观的重要组成部分，但为了聚焦，本书不对室外空间进行探究。

问题：什么是空间？

建筑学意义上的空间与其他领域的空间有什么异同?

室内空间与室外空间如何界定? 有没有中间状态?

什么是空间感?

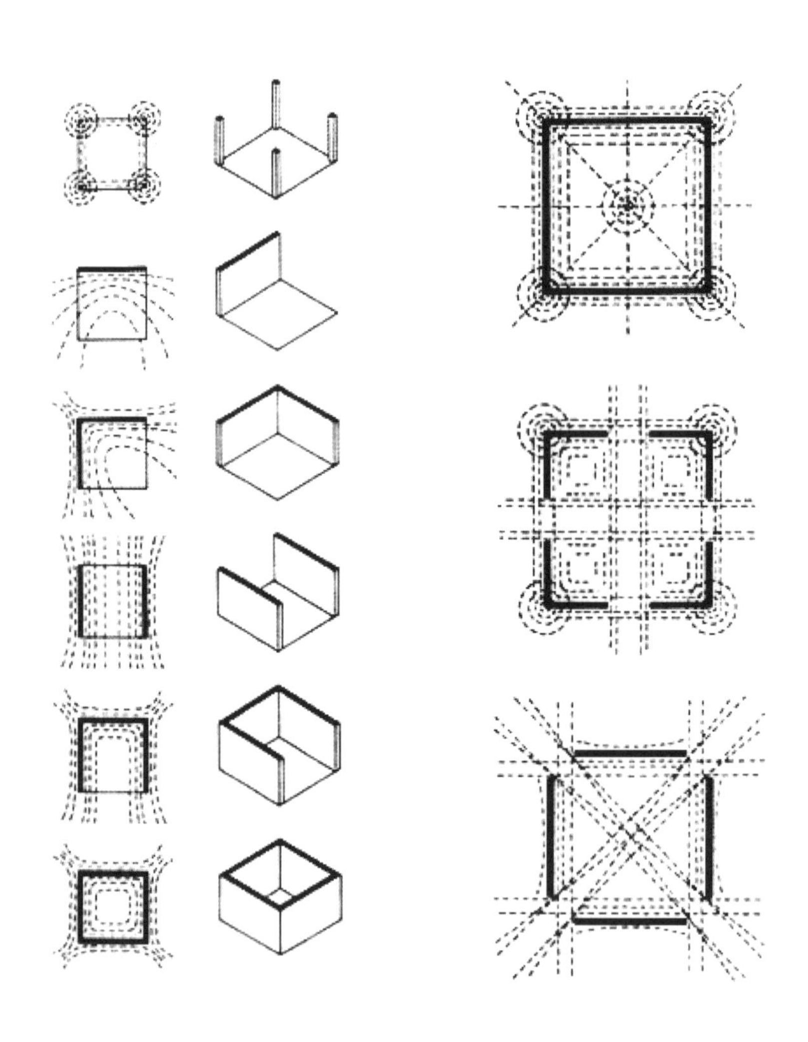

图 / 空间的限定条件

引自著作《自然光“照明”：住宅中的自然光》

场景中的时间

时间是物质世界永恒运动和变化的持续性、连续性、顺序性的表现，时间与空间共同构成场景存在以及持续运行的前提，时间用来描述事物始终处于相对运动的状态，即人们通常所讲的第四维度。时间通常至少包含时段和时刻两重概念，那么在建筑学当中如何理解时间的概念，如何用物化的方式进行场景中时间因素的表达呢？

场景暗含了活动的因素，人们在真实的空间中发生着具体的行为活动，因而加入了一个瞬间取向的时间量度。在认知的科学研究领域里的空间是相对静止的理想化概念，但是时间持续变化，永恒流动。对于建筑空间而言，假设某个瞬间定格的空间状态是存在的，那么在时间加持下，对空间完整的描述就是这一系列瞬间状态的连续集合，因此存在于真实世界中的建筑必定是时空一体的。

体验时长：场景体验是多个瞬间延展而成的连续进行的过程。这个过程在一定程度上依赖于时间的参与。围绕“看得见风景的房间”这一主题，所选择场景本身的使用特征必须包含对时间的考量，场景持续时长与场景要素、氛围等理应准确。例如，一个需要长时间停留的场所和一个短时间停留的场所，其氛围可能不同，前者通常比较柔和，而后者则具有更大的自由度，可以是静谧的，亦可以是富于跳跃感的。

特定时刻：场景中的物相对稳定和静态，但时间是不停前进的动态因素，静态模型的塑造则是从时间长河中截取一个瞬时的片段，场景中只要有一个动态因素在某个时刻非常敏感，那么其就构成一个关键的场景要素。例如一个举办婚礼的空间场景，对于使用者而言哪怕只有极其短暂的一刻，但那一刻本身意义重大；反之，睡眠这样一个司空见惯或者处于意识相对薄弱时的状态，场景的敏感性则相对较低。

时间痕迹：场景的截取虽然是某个片段，但这个片段本身又是基于之前所有时长累积的结果，时间作用于物所留下的印记成为人们读取时间信息的关键，也是场景价值的体现。场景中的时间不仅是片段，有时候还要兼顾过往的信息传承以及未来发展趋势。比如重回儿时成长的小山村，看着老屋院墙根绿油油的青苔，勾起珍贵朴实的过往记忆，祖祖辈辈生活在这里与自然和谐共生。建筑如同“生命体”一般，与人共同经历着兴衰变迁，充满着沉甸甸的记忆累积，这些信息已与建筑本身融为一体。对比于某些历史性环境的修旧如新，当时间痕迹被抹杀之后，崭新的营造反而失去了原本的价值。

物化提示：场景营造最终以物化的方式呈现，而场景中的物本身具有提示时间信息的作用，例如日历（提示准确日期）、钟表（提示准确时刻）、月亮（提示某个夜晚）、雪（提示季节）、夕阳（提示傍晚）……时间因素的纳入能够在一定程度上提升场景的时空叙事性，但在场景营造中思考时间问题具有一定的难度，初学者在场景营造的过程中树立时间意识即可。

总体而言，时间与空间在场景当中是一种相互支撑、彼此成就的关系，它们共同增强了场景实现的可能性。一般而言，时间因素的理解和物化表达本身较为困难，初学者有时间维度的意识即可。

问题：什么是时间？

场景中的时间如何读取？

场景中的时间如何表达？

场景中的边界

场景中的边界指的是人们能够感知到范围的界限，往往以某种实体或者某种变化进行提示。查尔斯·摩尔曾说，“空间本来就在那里了，我们所做的，或者我们试图去做的只是从统一延续的空间中切割出来一部分，把它当作一个领域”。这里，我们所说的边界同样意在领域的限定。就房间边界而言，边界的限定性有着明显的强弱区分。一个房间，如果皆以闭塞的墙体进行限定，势必产生极强的“围合感”，反之，如果全部换作开敞的方式和透明的媒介，室内外的边界则会被极力地弱化，形成“通透感”。那么，边界的围与透究竟如何决定呢？这与场景所承载的使用属性、结构限制、周边环境等具体相关，有意识地利用围与透的边界特征是我们进行场景空间感控制的重要手段。本次场景营造重点强调室内视角的体验，但也同时要求塑造室外环境。那么室外空间的边界如何限定呢？外部空间的界定一部分依托于建筑边界，另一部分可以通过景观的方式。综上所述，领域限定的边界可以是一堵人工建造的坚定的墙，也可以是一片透明的玻璃或者轻盈飘逸的帘子；可以是三维实体的高差变化、色彩变化，也可以是光线变化带来的模糊区域；可以是人工构筑的某个要素（例如建筑、道路、围墙等），也可以是某个自然的要素（例如一棵树、一片水域等），但这些边界限定的内容和限定的程度是不同的。例如，一面墙可以同时限定行为和视线，而一棵树则只限定了位置和模糊的区域；门通过开启同时调整行为和视野，而窗则主要表现出对视线的诱导和对光线的控制；仅有顶部覆盖的区域虽具有室内特征，但室内外的边界感非常薄弱。本次场景营造应先明确房间边界，再多层次地分析场景中的各类边界。

皑皑的白雪帮我们消除了地面中复杂的信息，
使得场景中的边界感得到进一步增强，
明艳的黄色渲染出建筑与清冷天空的边界，
底层大面积的落地玻璃与周边的墙面对比强烈，
虚实的边界被材质的反差表现得异常清晰，
太阳不经意地在雪地上划分出阴影区与阳光区，
枯树下零散的坐具告诉我们树下曾是人们聚集的场所，
所以，边界存在于场景的时时处处，
它不仅仅是这一面玻璃窗。

宽大的金属窗框连同玻璃一起，
提示了我们室内与室外的边界，
热烈的红色衬着室内温暖的氛围，
整体较暗的氛围下突现的明亮区域，
暗示了我们室内空间的分区，
分区的边界未必是一堵墙，
也许只是一片光。

在“看得见风景的房间”这一命题中，限定房间的实体以墙体、柱、屋面、地面、窗户、门等为典型代表，这些边界也是建筑师能够直接去操控的具体内容，通过选择具有不同限定程度的边界来实现引导、拒绝、暗示等目的。其中“窗”作为室内外交互最密切的边界，其与墙的关系是每个空间无法绕开的议题，由外而内的自然光和由内而外的视线是我们给予学生直接的抓手，在本次的命题中，窗户成了视线交流的场所。为了满足“看”的一系列需求，“房间”作为建筑实体边界必然要开设洞口，“洞口”就成了内外空间产生关系的媒介，除纯粹的技术实现和立面美学的考量之外，洞口的位置、尺度、形式、功能是思考视线和光线时重要的依托，对于空间的感知产生直接的影响，甚至反映出社会进程中的一些认知。

这里首先要明确的是，从建造技术的层面，纯粹的黑房间和全透明的建筑已经不存在什么障碍，二者之间有着无数种中间状态，并可能发生着状态之间的转变。当前，无论是洞口形式还是建筑的透明性，都已经获得了前所未有的自由度，无论是长窗、竖窗、天窗、地窗、角窗，还是透明墙体、玻璃屋顶、透明底板等，无论是折叠的窗扇、可移动的屏障、半透明的窗户、可变换角度的百叶，还是各种不同遮光程度的窗帘等，都只是人们的选择而已，每一种类型都有自己特定的价值。本次场景营造训练的选择取决于对视线、光线塑造的具体要求。这里以洞口在场景中发挥的框景作用为例，一位与花木为伴的园艺师的住所，其精心培育的花木紧邻外墙且规模较小，稍远处则是相对杂乱的世俗街景，在地面与墙体交接处采用横条形地窗将花木框入室内，而在常规视线注视的地方则采用实墙以屏蔽街景的杂乱。与之对比，如果我们提升窗户洞口的高度，窗户框入的将不再是花木，而是嘈杂的街道。

卡洛·斯卡帕说，“我要剪裁天空的湛蓝”，于是角窗做法出现了，其打破常规意义中边界的水平垂直维度，将室内外的边界作为整体进行剪裁。顶部的角窗将视线聚焦于一片看似空无的天空，留给了观者自主的想象，抬头看到的可能是一只鸟、一片树叶、变换的云朵或者正好是一架飞机，这种反常规的边界处理蕴含着人们对于窗景更加深刻、多元的理解。

穿透边界的不只是看风景的视线，还有强烈而明亮的阳光。光和热总是相伴的，区别于斯卡帕剪裁天空的坦荡，住宅中的窗倾向于自主控制，主人可以在特定时刻选择阳光或是风景，抑或同时拒绝阳光与风景。

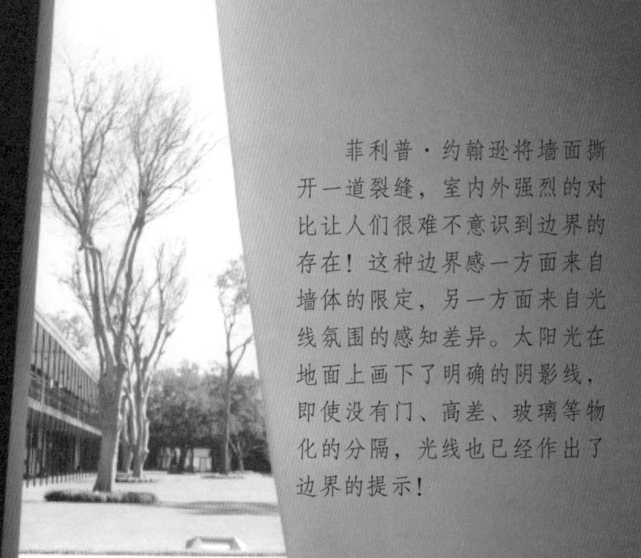

菲利普·约翰逊将墙面撕开一道裂缝，室内外强烈的对比让人们很难不意识到边界的存在！这种边界感一方面来自墙体的限定，另一方面来自光线氛围的感知差异。太阳光在地面上画下了明确的阴影线，即使没有门、高差、玻璃等物化的分隔，光线也已经作出了边界的提示！

在言·艺术馆中，边界结合雕塑的手法，夸张而直白地提示我们进行有关边界的思考，人与自然的边界、室内与室外的边界，始终是建筑学重要的议题。（供图 / 姜霖）

看得见风景的房间**场景解析**示例

针对看得见风景的房间这一主题，结合前文所述场景中的空间、时间、边界等问题，下面选择两个场景进行解析示例，以利于初学者参照，实现从感性的印象到理性的解析。

某书店内景

该场景位于武汉市江岸区青岛路片的历史文化街区内（背景信息），由平和打包厂的工业建筑旧址（历史）改造而成，平和打包厂是武汉现存最完整的早期工业建筑，被评为优秀历史建筑，成为重要的人文景观（风景）。书屋是从整个建筑群中抽取的一个房间（空间），场景只有在整个群体中才能够成立，书屋内部拱形窗景（框景）中的建筑，保留了丰富的历史痕迹（时间），有斑驳的红砖墙面（质感），窗间用壁柱分隔，檐口处有精致的装饰线脚……书店内，侧墙高大的书架、窗沿下低矮的书柜（尺度）、墙面中悬挂的画作以及点缀其中的小型绿植盆景（场景要素），无一例外地提示了该空间在新时期的场所定位（文化氛围）。窗外的中庭在工业时代曾属于外部环境，改造后增加了半封闭的屋顶，从而变为灰空间。对于阅读这一活动来讲，自然光柔和但照度明显不足（由外而内的光线），即使是白天也必须配合屋内的照明。在这一场景中，视野并不开阔，甚至连常规意义上风景中的天空和天气这样的要素也未能获得。拱形窗本身的优美形式连同背景中的竖窗一起构成了视野中的层次（由内而外的视线）。窗外是通行的走廊，时不时会有行人入画的景象（动态要素）。此外，可以试想，窗对面又坐着什么样的人，拱形窗是否亦成了对方的风景（互动关系）？

图 / 武汉平和打包厂旧址内某书店

图 / 武汉平和打包厂旧址内某书店

某滨海婚礼场景

该场景位于巴厘岛，属于单一空间的小体量建筑（房间）。近景为人工铺设的水池，中景环绕当地典型的自然风光，远景是无垠的大海（风景）。首先，房间为长方体的围合空间，四周通透（看得见，界面）但并未开敞（保障必要的舒适性和稳定性），尽力去建立与美景的融合关系。进一步对场景中所承载的活动进行分析，婚礼（活动因素）属于一生一次的重要时刻（时间因素），需要有极强的仪式感（氛围需求）。在四面通透的房间中，轻松实现了看得见户外风景的大前提，营造仪式感却并非易事，如何控制“看得见”与“看不见”显得尤其重要，试想在仪式进行当中，背景中乱入各种不可控因素，岂不违和？房间周边的水面一方面丰富了风景的层次（空间秩序），另一方面发挥了很好的控制性作用（边界），意味着人们不会轻易地走进主场景的视野之内，从而达到屏蔽不可控因素的作用。房间的另一侧通过两段错位的片墙和一片水面进行场地限定（仍然是边界），水面正中间的路径一直延伸至室内，中轴步道以深色略带质感的铺地区别于两边的来宾席，对称的布局进一步增强了特定时刻的仪式感。

图 / 巴厘岛某婚礼场景

看得见风景的房间作为一种**设计态度**

提出“看得见风景的房间”这一命题并非一时兴起。建筑设计初步的启蒙教育，除了教授专业的知识，还需要让学生认识丰富而生动的建筑学专业，并帮助其树立“追求高标准人居环境”的态度。提及看得见风景的房间，不少人第一反应可能是位于秀丽环境中的“风景建筑”，以一种逃离喧嚣都市的心态去营造心中的乌托邦。然而，本书所倡导的看得见风景的房间是更加广泛的意义上的界定，意在 view，而非 scenery，尤其强调在各种苛刻条件下保持追求高标准的态度。以“看得见风景的房间”作为教学主题的想法，大约是在笔者经历以下事件后逐渐成形的。

2009 年，笔者为学生时曾看过同名影片 *A Room With a View*，彼时只觉得这是个有趣的话题，并开始关注有关窗、景、视野，甚至建筑体验的力量究竟有多大等相关的问题，但一切终究是感性的、不成熟的思考。2010 年，笔者有幸追随恩师进行哈尔滨工业大学建筑设计方法论课程的建设，作为助教懵懂地了解了思维训练对于建筑设计的重要影响，以及建筑教育必须探索与之相关的训练途径。2011 年，笔者进行医疗建筑的相关研究，在大量的调研中深切感受到医护人员和患者对于医疗环境品质以及黑房间的苦恼，但仍以医疗建筑是一种重视复杂功能的建筑类型进行自我安慰。2012 年，笔者读到了 Roger Ulrich 教授里程碑式的研究成果 *View Through a Window May Influence the Recovery From Surgery*，接触到以量化的方式论证高品质环境对人体的影响。医疗建筑属于比较极端的类型，其中有很多环境往往被认为是不可能获得自然光和风景的，例如放射科、手术室、重症加强护理病房（intensive care unit，ICU）等。Bed Number Ten 是一位曾经在 ICU 中进行过长期治疗的患者所著的书籍，书中写到她在黑房间的ICU时，最是渴望一扇窗和一盆鲜花。在我们一般的概念中，放疗环境一定是没有自然光和景观的黑房间，ICU 的昏迷患者更无所谓风景。之后，笔者偶然看到某肿瘤医院放疗中心和某 ICU 的场景，深受震撼，再次陷入了对于“建筑体验的力量究竟有多大”这个话题的思考，“看得见风景的房间”是一种泛化的追求设计品质的态度，作为建筑师如果放弃了这样的追求，建筑将沦为纯粹功能化的产物。2020 年，新冠肺炎疫情初期，很多人因为疫情防控而居家隔离，相信彼时每个人都深切感受到那一扇联通外界的窗有着怎样的意义。

至此，看得见风景的房间作为一种设计态度，于笔者自身而言已基本成型，这里的风景未必是具体的森林、大海与阳光，而是指将高品质空间体验作为设计的追求。看得见风景的房间在城市生活中往往有一点奢侈，于是各种江景、湖景、绿景的房间以高昂价格的方式直观呈现，尤其是在土地资源、资金条件有限的情况下，绝大多数的房间在一定程度上作出妥协。在由外而内的光线和由内而外的视野中，前者是设计的基本保障，而后者往往只有少数人可以获得。这里将看得见风景的房间作为一种设计的追求和建筑师的态度进行强调，如果有风景，尽力引入；如果没有，自己创造：外部环境中没有就在内部环境中创造；真实环境中没有就在虚拟空间中追逐……下面以医疗建筑中较为极端的一些场景进行示意。

致敬那些将“看得见风景的房间”作为一种追求并为之付出努力的建筑师!

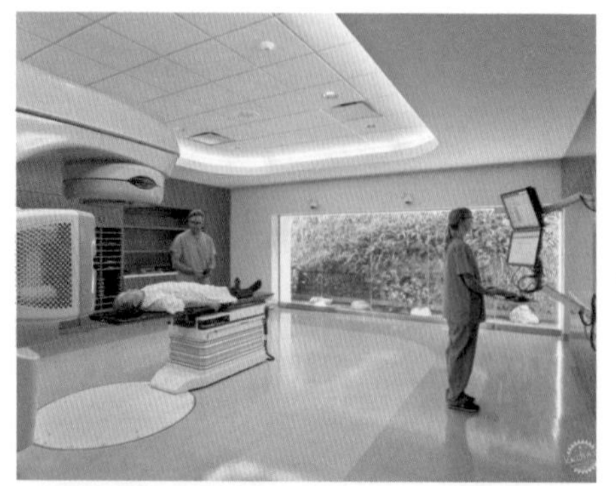

图 / 克雷默放射肿瘤中心

让自然光进入放射治疗空间,看得见风景的房间作为一种积极的态度,只要我们不漠视,一切皆有可能!

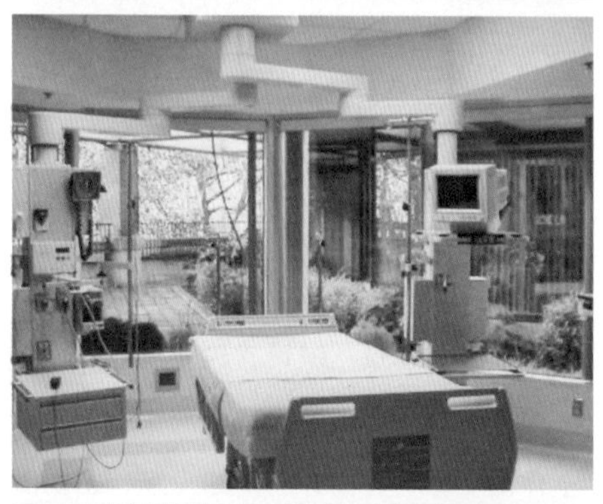

图 / 某医院 ICU 设计

设计没有放弃对任何人的关注,哪怕生命濒危,一缕光线和一抹绿便是苏醒的希望。

图 / 某医院放射科候诊廊

室内是紧张的氛围、室外是嘈杂的环境,也许这样的设计手法并不高明,甚至会被某些建筑师抨击,但至少这种追求品质的意识、以相对简单的手段缓解焦虑的态度值得尊敬!

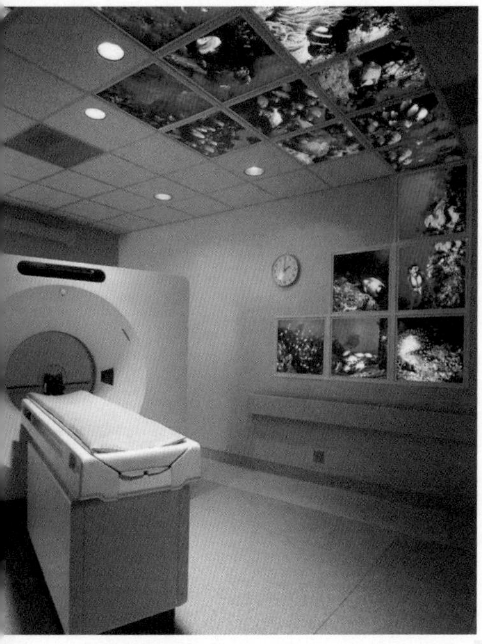

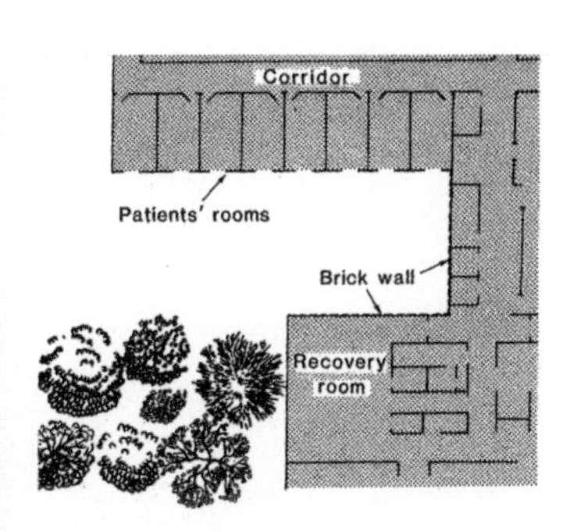

图 /Roger Ulrich 发表于 Science 的研究场景

图 / 某医院 CT 室设计

当的确不具备实现真实风景的条件时，退而求其次好过没有作为，让患者知道有人在乎他的感受，而不是让他们孤独地面对冰冷的器械，风景传递的是一种关怀，哪怕是虚拟的。

图 / 平田晃久设计的 Tree-Ness House

以有机分层的盒子建立空中立体花园，让每一户人家与街道之间形成新的过渡，无论在哪一层，窗外都有自己专属的风景。

围绕使用者的体验进行高品质场景环境设计，是建筑师所应当坚守的态度，不能无感，不能设限，更不能轻易放弃！

04 场景营造的教学模式探索

鉴于“看得见风景的房间”这一命题是作为整体场景被认知的定位，这一课题的完成过程也不可能是绝对线性的过程。在这个过程中思维是难以刹车或者被严格划分的，学生对于场景本身的情感变化也是复杂微妙的。这里所说的基本路径的拆解仅仅是为了教学组织的方便，在具体进行过程中，我们不主张对场景内容进行拆分，而是对场景认知的阶段和深度进行探讨，从而实现场景从模糊到清晰、从不准确到准确、从意象到物象的过程。

对于学生而言，大脑对信息加工的深度是有所差异的。训练过程的控制是对于完成本次训练特定步骤的提炼，共性的控制面向大多数学生，是作为其能够顺利完成本次训练并掌握基本内容的保障，对于新入学的学生具有很重要的引导价值，包括内容的引导、方法的传递、节奏的控制等，这是避免学生完成过程失控的关键。对于小组授课模式，老师应根据个体情况灵活控制节奏。

此外，“场景”的应用本身包含了文本、图像和空间三种模式，反过来在场景营造的训练中，三者具有一定的关联性和转换的可行性。下面将场景营造课题的组织概括为意象的凝练、场景的解析、物象的转化及对“评价”的设计四大版块进行阐述，各版块之间具有承接的关系，但在具体执行过程中同样存在交叉、反复的特征。

意象的凝练

场景意象的捕捉

意象的凝练即对本次命题中场景的选择过程，在现实体验的基础上兼具了情感色彩和理性分析，是客观场景主观化之后的结果。存在于我们记忆中的一些场景，也许过去很久了，但是依然让我们感觉历历在目。其实这些记忆并不是当时事件场景的全信息记录，而是我们将已经经历过的人、事、物在心中重新建构后形成的自己独有的印象。当那些综合的、模糊的场景出现在意识当中，进一步转化为场景设计时，左脑思维的重要性便得以体现。场景意象的捕捉可以理解为在思维层面对场景构建的过程，它首先面向“自我”，是在左右脑思维共同作用下完成的。

以曾经打动自己的印象深刻的场景为切入点，等同于学生主动完成一个自我研究的过程，而不是被动接受或者学习老师灌输给其的内容。当我们去抓取记忆中有意义的东西并舍弃无意义的信息时，相当于思维层面在不断地抽取和发现。选择并再现我们自己的过去是一个有趣的过程，因为过去是无法完全再现的。意象捕捉的过程是以逆向的思维去提炼，在锁定场景之后对场景内那些自己留有印象的必要性信息进行列举，这个列举的过程在思维层面已经进行了过滤，这与对着一张照片或者一个真实的场景说出里边有何信息是不同的。因此，在本次场景营造的训练中，原始的信息可能来自日常生活、文学、电影等，但是它的切入点应当是以前留下的印象，完成的过程中应当杜绝照搬原始的影像资料。

本次场景营造训练要求学生必须考虑室内空间与周围环境的渗透，基本的层面是“看”。在讨论中有学生提出了看虚拟的房间与虚拟的风景，即没有对外的视线交流，而是通过在一个黑房间中设置电子屏幕或者利用数字光影技术呈现虚拟风景的情况。虽然从字面意思上并不违背主题，但是偏离了命题限定中的由内而外的视线和由外而内的光线。为了使探讨相对集中且合理，在入门阶段的训练中我们舍弃了对虚拟世界的风景的探讨，但必须承认的是，同学们所提及的情况，恰恰反映了当前时代真实空间与虚拟空间正高度融合的现象。可以想象在全民居家之时如果没有网络这扇窗，没有计算机里的 Windows，人们的生活将是另一番景象，甚至在现代生活中，虚拟空间的联系已经在很大程度上替代了现实空间中的信息传递。在小组交流中我们借机提示学生进行思考，究竟什么才是空间（物理空间 / 虚拟空间）、什么才是风景（真实的风景 / 心中的风景），命题本身在教学的讨论中得到了延伸。

那么，什么样的场景称得上印象深刻的场景？那个水平最高的、最感动你的“看得见风景的房间”的场景究竟是在什么情况下发生的？为什么选择这个场景作为本次训练的原型？在场景意象的捕捉阶段，学生可能分不清纯粹的、普适性的空间体验和个体的生活体验，老师需要提示其辨析印象深刻的究竟是“窗外的风景”还是“房间本身”，或者是场景中的“人和故事”。

学生通常可能出现下面几种情形。

如果学生关注的是房间本身，往往是因为空间本身具有迷人、新奇等特征，例如水底的餐厅、北欧宿营的小屋等，学生虽未曾经历，但十分向往，这种美好的情形可能来自现实中所见，亦可能来自于文学、电影等情形启发之下的所思。当然，有些时候也可能反其道而行之。例如，有些曾经印象深刻的事物算不上美好，但恰恰是这种不美好成为重塑冲动产生的一种途径。学生对场景中的要素重新组合与构筑，形成某种新的、具有奇妙内涵的新的存在。例如，曾有位同学对没有窗景的辅导班充满了厌恶，因此想要重塑自己心目中的更加美好的教育空间。

如果学生印象深刻的是场景中的人或故事，往往是因为关乎内心，所以念念不忘，例如外婆在老屋里的背影、偶然路过窗外的女孩等。需要注意的是本次训练主要聚焦于“房间”内部，辅以外部景色。而同学们在完成的过程中，由于空间意识较为薄弱，这一阶段的场景意象的捕捉是下意识的，稍有不慎便可能将重点变成“窗外的风景”，从而偏离训练重点，具体表现为先确定了风景，然后强行将房间置于其中，这也是为什么在本次训练中反复强调视角之间的转换，以人在室内的视角为主。

此外，还有一类学生，思维非常活跃，在拿到“看得见风景的房间”这一命题之后，脑海中闪现了非常多符合要求的场景，从而难以抉择，无法判断自己究竟该选择哪一个。这里我们提供两种抉择方法，一种是将感性化为理性，进行解析对比，另一种则是坚持感性抉择，选择那个最早浮现在脑海中的场景。

能敏锐捕捉优质空间的魅力，并自主分析其之所以打动人的本质原因，是设计类学习的重要途径。意象凝练的过程是对既有体验、印象或想象进行物化的过程，是对既有信息的与记忆重新审视的过程，有再现的成分，也有新的价值的产生。我们发现学生在场景再现的过程中不由自主地进行了优化或者调整，这或许便是最初的设计的冲动。因此，我们没有规定是尊重原始状态还是可以进行调整，全在于学生自己的决断。对于场景意象使用“捕捉”一词，也在于场景本身是动态的、变化的，提示学生在未来时刻保持足够敏锐的洞察力去关注自己所生活的世界。

场景意象的外显

基于印象的场景营造训练在能力训练中尤其注重叙事能力的训练。那么我们首先要清楚为何叙事以及如何叙事。这里所说的叙事能力最终指向设计，因此提升空间叙事能力是最终训练的目标，通过叙事过程明确与建筑空间感知有关的诸多内容，例如空间的体验、氛围、秩序等要素的直接意义和隐喻意义等。但是对于初入专业的学生而言，空间叙事具有一定的陌生感，并且以空间的手段实现叙事的目的具有一定的难度。空间叙事能力也并非一蹴而就，同时，要想真正了解建筑艺术，就必须先了解建筑的语汇，并通过反复训练习得。语言的本质属性就是交流的工具及传播的媒介，是由于沟通的需要而制定的具有统一编码和解码标准的声音或图像指令，通过一套抽象的符号系统传递其代表的含义。与建筑语汇相比，文字作为一种从小被学生所使用的工具，学生运用起来已经非常娴熟。在场景意象的外显初期，可以考虑以语言文字叙事切入。

通过语言文字叙事进行场景描述具有抽象性、间接性和广阔性，人们将文字称为“想象的艺术”，这为意象与场景之间留出了一定的发挥余地，而这个余地正是通过空间的手段进行“营造”的。相比语言文字，其他艺术语汇，例如造型艺术、工艺美术、绘画雕塑、电影、话剧等，均直接形成了形象化的表达，并直接作用于人的感官。唯有语言文字所描绘的形象具有下一步再塑造的可行性。同一段文字描述，在不同人脑海中的形象或场景也几乎不会一样。想象带有非常强烈的个人色彩，脑海中的形象来源于自己过往体验和经历的积累。语言的广阔性优势还在于不受时间和空间的限制，有着最大的自由度，纵贯古今，横贯东西，可以全方位多角度地进行场景的筛选与描述。

除语言文字之外，另有部分同学能够较为快速地进行形象化的展示，甚至语言描述与图示表达是同步进行的，其图像的表达呈现片段拼接的方式，涵盖关键要素。由于空间本身不可见，空间意识唤醒的过程不能停留在虚无的讨论中，当初期的语言交流完成之后，必须辅助一定的训练手段，如图示、模型等，使其形象化地外显。例如，有同学在列出文字表达的同时将室内窗景、室外整体景色等分散表达，虽零零散散，但能够粗略表达心中所想；再如，有同学以朴树的《白桦林》歌词切入，尝试用图像描述林间小屋画面，如孤立的房间、截取的栅栏、朦胧的氛围……这样的表达具有一定的儿时符号化的表达特征，在意象外显初期已然十分珍贵！意象的外显目的在于交流，因此同学们可以自主拓展图文之外的有助于叙事的其他方式，例如模拟示意。注意，这里所说并非草模，而是用其他物品模拟的手段来进行快速辅助解释。叙述过程中，有的同学利用桌面上的物品进行空间关系的摆放，目的就是厘清场景中各部分的关系。

在教学引导中，场景意象的外显即将所要制作的场景进行清晰且坚定地描述，使学生从自我思维层面的场景构建转为可以对外传递场景信息。描述过程中，学生把脑海中比较模糊朦胧的想法，按照其熟悉的训练多年的写文章、讲故事的方式，自由地、不受手段限制地表达出来。例如，按照事件发生的六要素来讲故事，描述用词准确，语意明白，表述清晰、准确即可。在最初阶段可以提出多个场景，然而一旦选定，建议同学们不要随意抛弃之前的决定而更换场景。本次训练的思维过程一定是“心中所想先于实际操作”，而并非对于某个操作结果的解释。在模型制作过程中，可以推敲和修正方案以更加准确地表达心中所想。因此，场景营造是对空间叙事能力的训练，而非对空间场景解释能力的训练。

在场景意象的外显过程中，有可能出现以下情况，需要老师适当引导。例如，学生过分具象地陈述细节，企图事无巨细地复原场景，但缺乏整体把控能力，这就需要老师引导学生思考场景中的哪些信息有助于整体意象的表达，哪些信息可能需要舍弃；再如，学生大段讲故事，却难以建立其与空间场景的关系，这就需要老师提示学生最终完成的作品可能与最初的故事之间关联性过于薄弱，有陷入空间叙事失控的可能；又如，学生提出某种极为抽象的概念，跨越体验基础，脱离身体感知，使空间彻底沦为概念的“工具”，这就需要老师提示学生本阶段的场景营造目的在于认知和理解身边的世界。整体而言，意象凝练阶段完成了脑海中印象与命题的匹配，但可能并不完整，或者说呈现片段化的特征。意象凝练阶段的诉求和目的是让学生能够粗略勾勒出场景中核心的内容。以下所示为教学引导过程中部分同学的意象片段。

透明玻璃
毛玻璃
白色窗框
木质色
木质淡色
银杏叶

图 / 罗薇

图 / 陈晴晴

图 / 张琪瑶

意象凝练中的教学引导

本阶段训练的直接起点是具体的场景本身，但认知的目的是探究背后深层次的普遍意义，这一点教师在教学引导中需要明确告知学生。场景信息本身具有一定的复杂性，部分特征亦具有隐蔽性。在认知的过程中，抽象法显得尤为重要，这主要是基于命题的主要目的在于服务认知，而非制作某个成果。抽象思维有助于透过错综复杂的现象，对事物的各个层面进行比较分析，从而排除那些无关紧要的因素，只提取事物本质的、重要的特性加以认识和研究。这可类比于自然科学领域，教学中把意象凝练的抽象过程分为分离和提炼。

分离就场景的现实原型而言，总是处于与其他事物千丝万缕的联系之中，是复杂整体中的一部分，场景内部本身也同样存在各种相关联的因素。学生将“房间”从复杂整体中分离出来就是意象凝练在具体操作层面的直接步骤。分离的目的在于将场景与更大背景之间的关系进行弱化以实现片段的抽取。

提炼是对原始场景背后的普遍意义和普适特征进行凝练，是将自我表达与他者接收进行联通的关键。教师在引导层面需要提示学生将无意识的“回忆”转化成经过推敲的输出，这一阶段应是理性应对占主导地位的状态，唤醒记忆或调动所有感官去捕捉场景的样貌状态，存在大量细节的呈现，甚至还有人物心理活动的呈现。然而，现实世界有很多细节与本次训练关联性较弱，这些弱关联的事物的出现往往会令旁观者分神。因此，提炼应当指向必要的、有助于场景意象表达的内容，相当于对现实的纯化。这可类比于话剧布景，寥寥几笔便勾勒出场景的关键特征。这里主张将提炼的结果以关键词的方式进行输出，关键词经过组织整合后指向场景表现的目标。每个人头脑中原本就存在大量的对外在事物的结构性认识，它们存在于记忆中或潜意识中，关键词的提示激活印象当中的内容，关键词的组合亦可能交叉产生新的场景。

意象凝练环节首先是一个“自我表达”的过程，老师的角色主要在于引导、倾听、追问，用启发性的、鼓励式的方法与学生交流，换言之，在这一阶段学生唱主角，老师来聆听。学生最初的想法极其珍贵，丰富的想象、优美的意境、生动的故事等，这些是场景塑造最原始的动力。意象凝练阶段学生的叙事可能是全信息的，也可能是片面的；可能是关于事件的描述，也可能是关于印象的描述；可能是关于心情的描述，也可能是关于行为的描述。在初期的描述过程中，不建议老师过多干预，甚至不建议老师演示如何叙事。这个与自身过往对话并向外传递的过程，不应被限制什么可以讲，什么不可以讲。当学生将自己所要表达的内容全部输出之后，接下来老师的引导便十分关键。在前面的聆听过程，老师需要保持高度的敏感，尤其对于场景意识比较薄弱的描述，教师可以带有目的性地追问，尤其需要使学生明了自己念念不忘的场景的空间特质是什么、不同于其他的同类建筑的独特之处在哪里。这个追问的过程便是帮助学生去捕捉空间、捕捉要素、提炼特征的过程。

例如，某位同学构建的场景是秋日银杏飘落的小院，厚厚的银杏叶间有个小屋。通过语言描述可知，在她脑海中呈现的是一副静态图画般的美景，包括院子里的景致如何、材质色彩如何、不同的光环境下不同的效果如何……该同学考虑得非常细致，能够敏锐地感知场景的美，但亦容易将场景视为细节美的集合，忽略作为体验场景主体的人从内部视角对于场景整体性的感知。老师可以追问：你为什么会对此场景印象深刻？银杏小院是在自己家乡或是其他特别的地方？是谁在其中感受如此美景？屋里可曾发生什么令你记忆深刻的事？你想分享表达的是一种什么样的体验……进而，学生会进行更加完整的补充和再次陈述：家在遥远的北方，已经很久没有回去，对家乡的一年四季，尤其是秋天的美景深感怀念；对家乡小院有着许多美好的回忆，那里是自己对美好童年的寄托，是自己内心永恒的乌托邦……至此，我们才明白这个场景是记忆与幻想叠加而成的。老师可以继续追问：小屋大约是什么样的尺度？此刻你在屋内的什么位置？你可能是什么样的姿势？你从哪里与户外建立联系，门还是窗……

再如，曾经在教学中有位同学描述的场景是一间患者的治疗房间，这样一个敏感的话题引起了指导老师的关注，在交流的过程中得知这是基于她在治疗期间的所感所思，她以具身体验的方式表达了患者对空间场景的需求。聆听是下一步正确引导的基本条件，老师在教学过程中宜对选题进行肯定、对表达进行聆听、对设想给予自由，这一阶段可以有询问，可以帮助学生从繁杂的描述中筛选关键点，但不宜有过多地否定，保持交流窗口的开放是意象凝练阶段引导的关键。

在自我表达的过程中，还可以尝试另外一种途径，即学生通过对同一场景的多次重述进行自我提炼，其基本原则仍然是老师处于聆听的角色。也许第一遍的描述是一个非常长的故事，那么第二遍，尝试挑选重点信息进行重述，第三遍，再次精炼……直至能够用几个关键词进行概括，当然这些关键词并不只关于物，而必须包含用于描述感受的综合性的语言。这个过程使学生不断将场景中无关的信息剔除，不断锐化自己在场景中的感知，最终提炼的关键词成为下一步进行发挥的依托。

意象凝练环节同样是一次“突破自我”的机遇。在集体教学中完成场景营造的训练与孤立地创作某个作品具有明显的区别，对于初学者而言可以运用集体的智慧实现认知的拓展，通过聆听、交流、观察、共情、借鉴等方式实现快速提升。此外，小组交流中的及时总结是老师和学生共同的任务，例如意象凝练环节，各小组可以尝试列出“看得见风景的房间”这一命题的共性内容和多种可能，包含空间特征、实体要素、人物行为等信息类别，以及场景衍生出的不可见的信息等。

以下是笔者在场景营造教学中进行过的尝试，供读者参考。

◎ 课堂训练 1：头脑风暴。这是集小组之力快速拓展个体认知的途径，每个人都有自己的想法，但也可以从他人的想法中获得启发，不要害怕你的 idea 会被抄袭，事实上当你在小组内公开讲出来的时候，其他同学会刻意讲出与众不同的新鲜的事情，经过头脑风暴的碰撞可以受到新的启发并对其自己的想法进行修正。

◎ 课堂训练 2：尝试跟随讲述者在脑海中构建对方的场景，尝试体会他人的感受。小组同学讲述令自己印象深刻的场景的时候，对于其他同学而言恰恰是训练共情力的时候。可以尝试针对同一个故事，小组中的每个人以图示语言的方式表达自己所理解的场景，并相互交流、解析、陈述信息与场景表达之间的匹配性。虽然每个人只完成一个作品，但是可以同时思考更多有趣的场景，可以尝试将自己代入他人的场景中进行体验，在这个过程中获得思维训练的强化，对于初学者而言，广度的重要性甚至更重要。

◎ 课堂训练 3：同一个空间，每个人以图示叙事的方式，通过添加必要的元素讲出自己对于空间的理解，并描述在空间中可能发生的场景故事。

◎ 课堂训练 4：要素组合训练。老师在课堂上给出一系列有关要素或者特征的关键词，同学们通过自己的理解组合出不同的场景。例如，小桥，流水，人家，枯藤，老树，昏鸦，这些要素在大家心目中构建的场景具有共性，但同样具有差异性，快速组合进行比对是对于场景构建能力的训练。

场景的解析

本书主要针对建筑空间场景进行论述。场景解析的目的是服务于空间场景营造中的关键问题，以下主要从场景要素、空间特征和互动关系三方面进行解析。

意象的凝练奠定了描述性场景（是什么、有什么）的基础。在此基础之上，以具体的事物现象为直接起点进行初始抽象，主要针对场景所表现出来的表征特征。本次训练的深层目标是探究解释性场景（如何、为何）以及尝试进行原理属性的解析，主要针对场景是如何实现的以及为何这样构建。当然，解析的深度与学生所处的学习阶段和专业能力有很大的关系，同一个场景大学一年级同学与大学五年级同学理解的深度自然有所差异。围绕“看得见风景的房间”这一命题，相关解析大致分为表征性解析和原理性解析两大类：表征性解析主要指场景元素的外在特征，例如尺度、数量、类型等关于事物物理性质的抽象；原理性解析则是在表征解析的基础之上把握更深层、普适的内在规律。从意象到场景的发展，目的是实现从语言叙事到空间叙事的转变，对于这个命题来讲，制作的具体手段并非难事，学生如何理解场景以及如何营造出他人能够感知的场景信息才重要。对于初学者而言，能够进行场景元素的准确匹配、空间特征的有意识总结，能够对场景内部互动关系进行解析即可。

场景解析的过程无论以何种媒介进行，都属于推理加工的过程，在这里我们鼓励用建筑学的语言系统进行尝试，即图解和模型。图解是指用图示语言的方式对所要传递的信息进行表达、解析的过程，不可简单等同于绘画或者绘图，初学者首先需要打破没有美术基础便不会图解的误区。图解既是信息表现的手段，又是逻辑推理的途径以及对推理结果的表达，因此图解体现的是抽象思维与形象表现的综合能力。在生活中，同学们常常能看到一些行走地图标注、建筑场馆流线示意图、各种按照制图标准来绘制的图纸，或者在中学时期使用过思维导图等。这些图示以形象直观的方式将需要解析的内容进行呈现，而我们所说的图示则更加侧重于用图来“解”。图解关注于研究对象表层下的特征、内部空间、相互关系以及各种情况的对比分析等。例如，构思时用圆圈图表达发散式思维中各类创意想法，帮助一系列问题的推进与解决，用树状图表达各层级的组织结构关系，用引出图表达事物的局部细节，用爆炸图表达内部结构或空间关系……图示作为一种表达手段最终目的是为了交流和达意，它是思维推进过程的可视化呈现，不以美或丑作为评判标准，而以表达是否有效为目标。

场景要素

场景要素即构成场景的所有内容，包含相对固定的静态的要素和半固定或不固定的具有动态特征的要素。场景要素是我们进行解析的一种方式，但是首先必须指出，要素是不可以孤立的一个个进行讨论的，任何陷入只讨论“物”的过程都可能使对场景最初的感动变得贫乏。

静态的场景要素主要指向实体的、相对稳定的物化的内容，其营造的关键在于准确把握量、形、色、质等内容，例如房间的边界、室内的陈设、选择的材料等。对静态要素的设置需要围绕场景目标进行谨慎的筛选及细部的适度表达。现实世界中，任何场景都包含了非常繁杂的细节，沿着细节甚至可以一步步走向微观，而在场景营造的训练中一定要掌握这个度，在人的知觉可及范围之内适度取舍，深化的程度应当服务于场景的整体目标。对于建筑场景而言，存在各种具象的、可感知的信息，但场景并非越细致越有利，需要通过判断、推理等思维方式，进行“去粗存精、去伪存真、简化精炼”等加工，形成更为纯净的、简洁有力的场景感。在以有限的要素进行场景营造时，要素的准确性十分关键，所选择静态要素的物理特征应当高度契合所要传递的感受。

例如，某同学描述的场景为：暖阳下，一间街角的咖啡店里，主人公慵懒、悠闲地看着窗外来来往往的人群。然而，场景陈设却选择了一种极为简易的、棱角鲜明的塑料坐具，更像是快餐店便捷高效的选择。尽管该同学说确实见过这样的咖啡店，但其并不符合大众一般意义的认知，会给读取场景的读者造成困扰。考虑到场景营造本身并不是“复原”，因此可以考虑选择与之更加匹配的陈设。

再如，某同学要表达的场景为其高中教室，其描述的真实教室是可容纳 50 人的规模。从场景要素的解析来讲，课桌椅具有高度的秩序性，在场景营造中只要呈现出这个规律即可，不需要真正意义上完成与此规模相当的重复性工作，而需要对场景要素在数量上进行取舍。

动态的场景要素指场景中本身具有动态特征的内容，例如人的活动、光线、声音、视线、时间、天气等。建筑空间本就是时刻随时间而变化着，却因变化微小而不易被人察觉。人们感知下的物性空间看上去是相对静态的，但因有了动态的自然光照入，让建筑空间“动”的本质特征被强势地凸显出来。例如建筑内部空间中的一切在光线的移动以及亮度的微妙变化下，似乎都动了起来。在场景营造中，这些要素的恰当引入能够让人们从静态的模型空间中领悟更加宽广多元的内容，具体手段并非真正令其动起来，而是以某种方式提示人们这种动态特征的存在。例如，在模型空间的场景营造中，反复强调“人”的代入，因为人的自然属性本身带有动态特征，即使在模型中定格于一个位置，观者也会自主体会其可能的位置和活动，其作用在于提示。时间是加持于静态空间之上的另一动态要素。对于时间这一要素的场景表达，例如通过时间留在墙面上的印记表达时间的积累、通过光线的强弱与角度表达一日之变、通过户外特定景色表达季节因素、通过室内陈设暗示特定时间（例如日历、钟表）等，这些都是能够从场景中读取的时间要素。

场景营造并不是场景复现，无论是静态的还是动态的场景，均需要对诸多的场景要素进行筛选、提炼和再加工。也就是说，场景当中包含什么内容以及包含多少，都应当进行仔细考量。要素太多，场景容易模糊；要素太少，不具备场景表达力。

静物与动势：楼梯与人的通行相对应，旋转楼梯相较于直跑楼梯，天然地暗示不可长时间停留。流畅的曲线强调了人在室内的运动轨迹和行进趋势。前进一步，阳光洒入，与窗格共同描绘出变幻的影子，多重因素叠加之下空间动态感得到强烈的塑造。

一位小男孩惊奇地发现城市广场的喷泉在阳光的照射下产生了彩虹，于是奔跑着去追赶彩虹的影子，欢呼着自己终于“进入”了七彩的世界！当瞬间被定格之后，照片本身只是静止的物品，但当人们读取这个场景时，不由自主地根据提示脑补了前前后后的故事、动作、心情，并强烈地感知到场景中的动势。

图 / 刘 男

旅途之中，望向列车窗外的记忆几乎人人都有，在那样一个瞬间，列车车厢变成了“房间”，风景因与列车的相对运动而变成了“动态”的画卷。在场景营造的训练中，每次都会有同学选择这一幕进行表达。例如康煦同学设置的沿海岸线行驶的列车，精心表现了窗外的海景，粼粼的波光、浅浅的石子儿……诚然，当我们仔细揣摩，现实中的铁轨与大海并不会直接相接，但这份细腻的表现和对动态场景捕捉的能力本身值得肯定。在类似的场景中孔繁一同学借用了手机屏幕播放动态影像，将手机嵌入列车车窗外侧，巧妙地模拟了这一动态过程，使得互动感极大增强。

模型制作 / 康 煦（上）
孔繁一（下）

在场景要素的筛选中，应首先完成从“有什么”到“必须有什么”的思考，其次进行从“是什么”到“是什么样的”的讨论。学生在第一次叙事时其实已经下意识经过一轮筛选，所描述出来的所有具象的要素都是初次筛选的结果，换言之，凡是能够被学生记住的、描述的可能都是他感兴趣的内容，即便在旁观者看来有些要素与场景要表达的整体目标关联性不强，甚至可能会分散观者的注意力。在“有什么”的提炼中，由学生对前一阶段叙事当中一切有关“物”的描述进行提取，在这样一个累积的结果上，进行“做减法”的筛选，将那些与场景表达关系较弱的内容进行删减，仅留下“必须有”的要素，这里的删减可以是内容的删减、细节的删减或数量的删减。

在场景要素的解析中，我们尝试过以下方法。

（1）在清空的场景中“小心添加”

先将场景做清空处理，只保留房间及其边界。然后对原有的实体要素逐一分析、筛选、比较，进行“小心添加”，仅保留的确能对场景的特征、氛围等起到有利作用的实体要素，删减可有可无的实体部分。在经过第一步深思熟虑的“减法”操作之后，只剩下必要的、被抽象化的实体要素，此时呈现出的各种关系相对清晰明确。对于建筑内部空间中的实体要素处理而言，以提供场景发生的可能性为目的；对于外部空间的景观处理而言，则以能被室内所“得见”为依据来思考。之所以秉持小心添加的态度，是因为场景中任何具体的物都向我们提供了某些反应或者信息，就像一张餐桌从物象的角度“提示”人们坐下来进餐，一架钢琴“召唤”人们弹奏美妙的音乐，一把椅子“提供”了坐下来休息的条件，一幅画作“邀请”人们欣赏……任何具体的要素都应当赋予场景某种可能性，否则它便相当于场景中的杂物。例如，在某同学的场景陈设要素设置中，平开的窗扇以及透光而不透视的玻璃暗示了推开窗户才能实现“得见”的目的，窗边的摇椅是展现人物悠闲状态的重要道具，这正是在略去了大量其他细节之后“小心添加”的选择。再如，在某同学描述的场景中，暖暖的冬阳透过窗玻璃洒在地板上，窗前放着一个“懒骨头”沙发，身处这样的场景让人不由得想上去躺一躺，场景塑造并不是一定要制作出这个具体的躺着的“人”，观者会自主联想和决定要怎么使用，这种处理方法在关系的互动层面进行了适当的留白。

（2）以抽象的几何形体代替具象的物品

把“小心添加”后保留的实体要素进一步抽象化，用几何形体替代原有的具象形态，此时关注的重点是要素之间的空间关系，即其在场景中的位置、间距等是否恰当。抽象形态的优势在于能够略去细部来讨论空间关系。

以某同学空间场景中要素的抽象为例，空间中高度错落的装置看上去各有变化，形成丰富的体量感和光影效果，但细细观察之后能发现，它们在尺度、体量和位置上，都是合乎统一的数理逻辑、按空间模数化的方式生成的，顶部天窗窗棂的落影进一步提示了其中的内在逻辑关系。除装置以外，室内所有的高差设定，以及楼梯踏步，全都囊括在同一数理体系中，使生成的空间既富有变化又简洁统一。

（3）以相对单一的材质体会细节的简化

学生在初期的草模制作中往往会不由自主地选择与真实场景接近的材料，而这些材料实则包含了诸多似是而非的特征。有的小组尝试对信息庞杂的草模进行喷白处理，抹去材质、色彩等因素的干扰，聚焦于对场景中重要关系的理解。这一做法的优势是将“简化”的过程直观呈现，在喷白的过程中体会信息的简化。与之相似的另一种做法是草模阶段使用单一材料，在思维层面完成简化细节的过程。

模型制作 / 李清桦

空间特征

研究空间特征是建筑学科的核心任务之一，也是本阶段训练的重点。场景空间特征解析的目的在于超越那些曾经仅仅靠感官系统获取的内容，发现仅靠知觉无法清晰再现的规律，凝练能够用于二次表述乃至推广应用的本质性内容，有意识地去建立理性的空间特征与感性的场景氛围之间的关系，明确场景的形成原因，以及依托具体的载体呈现。空间意识是场景转化中我们首先要唤醒的部分，即场景本身的空间特征凝练，通过空间的手段表达场景中作者的体验，其建立的前提是空间特征与空间体验之间存在一定的客观关联性，即人们对于同样的空间特征产生相近的感受。

空间特征与实体要素相比，属于更加抽象的内容，其本身并不可视，而是在对实体要素理解的基础上形成的感知，必须加入主体思维才能得以描述，对于空间的理解自然而然伴有心理过程。这些信息在日常的感知中如果不去特意提炼，往往属于模糊的、无意识的存在。建筑学专业与非专业的重要区别之一便是对于空间的敏感度。学生对于实体的物的信息捕捉相对直接，而对作为背景的空间则意识相对薄弱。从本次训练的目的来讲，并不主张只将房间做一半就进行讨论，这样研究过程中的空间意识被弱化，对于初学者而言着眼点亦容易变为室内陈设，将建筑空间场景营造变为单纯的布景。建议在一个包裹感比较强的空间中展开研究，但在结果呈现中可以考虑抽取局部或者打开某些界面以利于场景展示。本次训练限定于“房间”，尤其强调是单一空间，即能够从更大的体量当中抽取出来的最小单元。差异性主要表现在空间构成的形式、空间的开敞性、空间尺度比例、围合界面等基本方面，命题规避了对空间组合、流动空间等更加复杂的建筑学问题的探讨。这里所说的空间特征更多的是对于场景特征和既有规律的总结，须知这种反向的总结无法代替创造性事物的必然过程。

针对空间意象较为模糊的学生，通过解析帮助其厘清空间特征。例如，有些学生所设定的场景较为模糊或者类型过于宽泛，如海边小屋、森林木屋、稻田边的房子……这些泛指一大类的场景，而并不是某个具体清晰的场景。在这些较为模糊的场景中，空间特征是在解析的过程中逐渐清晰起来的。对于特征描述极为清晰的同学，解析的重点则是探讨空间特征对于场景表现的影响。空间特征与实体要素相比，属于更加抽象的内容，其本身并不可视，而是在对实体要素理解的基础上形成的感知，必须加入主体思维才能描述。学生初始的叙事当中未必明确提及这些内容，或者说这些信息在日常的感知中如果不去特意提炼，往往是模糊的。下面对空间的特征进行简要说明。

（1）形态

形态是建筑空间的物理属性，即“形”的属性，由实体围合的边界所限定而显现。实体与空间相互依存。一方面，现代建筑的流行使得空间更多地趋向于抽象、均质和通用等特征，这似乎也解释了为什么在同学们的第一个作业中对房间的理解大多呈现为通用的方盒子。方盒子作为房间的典型空间深刻地塑造着人们对于空间的公共意识。在空间特征的提取中，许多的同学的困惑在于认为自己的场景空间本身不具备特殊性。事实上，特征并非特异。方盒子空间既然能够普遍地、大量地存在于我们的生活中，足见它本身的合理性。因此，“房间”的形态只是特征的一部分，建筑空间的本质

图 / 赖特自宅西塔里埃森中的客厅

在场景营造训练中，对于房间的形态我们不主张刻意地求新求异，形态只是作为房间的“果”进行呈现，而非动因。例如赖特的自宅西塔里埃森是其冬季的家园和工作室，他说：“我们的营地属于沙漠，它仿佛几个世纪以来一直楔在那里。”建筑像是从基地中生长出来，其形态是对于基地周边地形地貌的呼应。从内部空间来看，倾斜的屋面呈现出强烈的张力，大片的玻璃加帆布只允许光线曚昽地透入，不规则的三角形窗户是屋顶与墙体夹角而产生的结果。形式的最终呈现围绕着建筑融于环境的理念，并非为了形式而形式。家具的仪式感始终是赖特在塑造空间场景中所关注的，在西塔里埃森中客厅被作为最重要的空间进行塑造。与之对比，卧室极其狭小，在幽暗的小屋中仅供容纳单人床般的尺寸，作为极为私密之地的卧室，表现出了对风景的拒绝。

是被使用，而不是被观赏，因此可以预见许多同学的房间外观是相似的，但内部却具有极大的差异。另一方面，部分同学由于选择的房间本身具有形式独立性的空间，从而具备形式形态塑造的更多可能性，或者说所选择的房间本身具有某类空间形式的典型性，例如窑洞、蒙古包、帐篷、旋转楼梯、塔、桥屋……这些空间的特征与场景本身具有很强的关联性。总体而言，在本次场景营造中，空间形态是完成场景塑造的结果，而非目标。这里我们可以借用密斯的言论，“只有当内部充满生活，外部才会有生命”。

（2）尺度和比例

尺度本义为看待事物的标准，这里特指衡量空间的范围大小，即“量”的属性。尺度的含义包含了尺寸，尺寸是对客观物理属性的描述，具有绝对性。建筑空间为人使用，而在空间的使用过程中人们并不会优先使用具体的物理尺寸，而是基于自身身体与空间的相对性进行判断。比例本身是一个数学概念，指至少两个变量之间的关系，这里比例一方面指空间自身内部属性，例如长宽高之比，另一方面指人与空间的比例。可以看出，尺度和比例在本次训练中均强调了物理意义和人的意义两个层级，因此我们将空间的尺度比例作为可被感知的内容合并讨论，强调建立客观数据与人的使用、感知之间的联系，即有意识地进行“尺度感—尺度”之间的校准。具体而言，包括基于客观数理描述的尺度和基于身体体验的尺度。

就本次场景营造的训练而言，首先，需要确定的是房间的基本尺度。课题要求在 A2 尺寸的底板范围内进行单一空间的场景营造，建议最终比例为 1 ∶ 10 或 1 ∶ 20，且房间的尺度建议不超过底板的 1/2。那么在这一系列的限定信息中，房间的尺寸被控制在一定的范围之内，约在 50 平方米以内，进而需要思考 10 平方米、20 平方米、30 平方米……在空间感受上有何不同？学生需要带着问题去观察身边各种空间，有意识地尽快建立客观实际尺度与空间感受之间的关联。

其次，为了满足场景当中人体活动的具体要求，需要进行房间内外更加精细化的尺度分析，即围绕人和活动的需求展开。身体的差异性产生对空间差异化的需求，例如儿童、成人、老人、残疾人……不同人群活动的差异产生对陈设和布局需求的差异，并且突破对尺寸的静态理解，甚至对于特定使用者“我”的某些个性化爱好也可能反映在建筑设计尺度上。

例如，“我”在窗前书桌旁看书，窗外风景静谧，暖暖的冬阳照在花架的绿萝上，“我”不时踱步到立在墙侧的书柜前找书翻看……在这个场景中，学生不仅需要思考适合于看书学习的桌椅尺度、窗高与桌面的尺度关系、花架与窗高的尺度关系，还需要通过人的立姿抬手区域的最大高度来确定书柜的高度等尺度问题。

模型制作 /
师嘉怡 康小婷 赵蔚然
熊家乐 张雨欣 邓至真
姚默存 李欣悦 吴锦茵

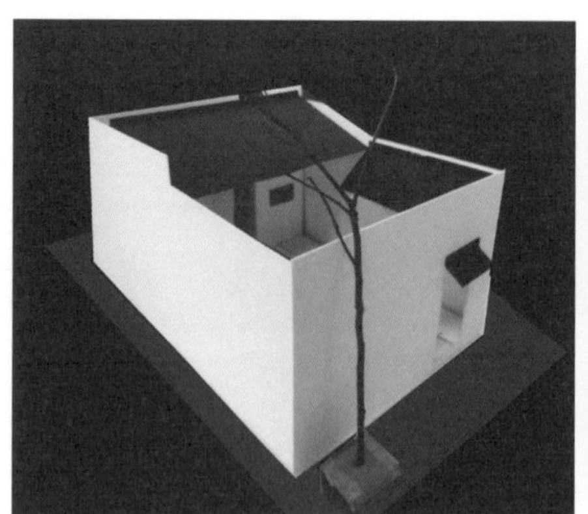

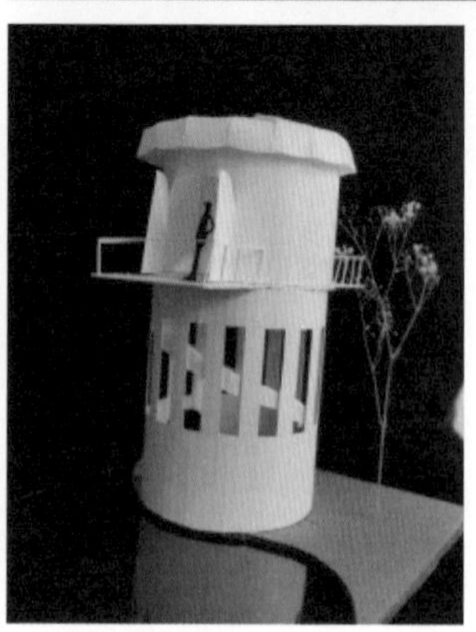

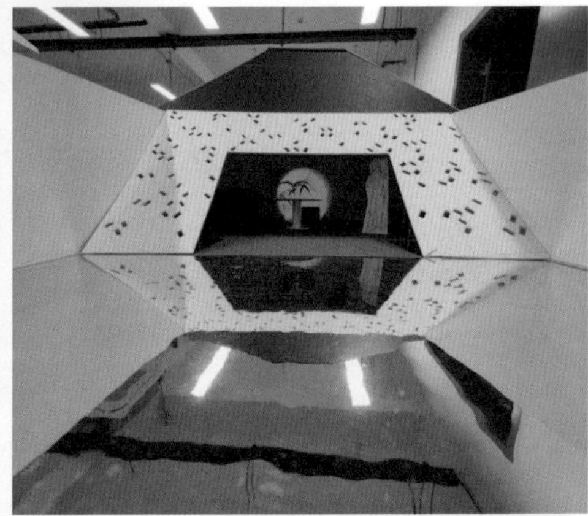

再次，在命题限定的范围之内，可以通过模型比例进行场景尺度的调整，以尽量服务于场景氛围所需。人类通过感官感知外界环境，无论是建筑实体尺寸还是建筑空间尺度都需要进一步满足人们心理感知层面的需求。在意象的凝练阶段，同学们所列的关键词应当包含空间氛围。例如，高耸神圣与亲切平易，恢宏开敞与逼仄压抑……这些词语都是在表达人们对空间尺度的感知。场景营造训练当中同学们可通过分析尺度感所对应的具体空间尺寸及设计手法进行解析。教学过程中可以提示学生关于维特鲁威提出的比例与均衡、阿尔伯蒂提出的尺度、勒·柯布西耶提出的模度等，通过对这些概念的了解，进一步理解空间尺度对于场景营造的重要性。

事实上，基于场景体验去倒推提炼尺度并不是那么容易的一件事情，这里我们可以尝试类比的方法完成从尺度感到尺度的转化，即将脑海中的某个场景再度拉回到现实世界，参照现实当中的某个房间进行相对性解析。例如以熟悉的教室、宿舍等进行对比，比一间宿舍大？比一间教室小？具体操作中，尺度感正是依托人的尺度与场景相关联而形成的，其中比例人发挥着极为重要的作用，我们建议本次训练当中任何阶段、任何类型的模型都应当随时置入比例人进行推敲。准确的尺度和比例是场景营造得以顺利完成的保障，下面以模型照片的图解法为例，帮助理解尺度、尺度感、场景感之间的关系。

模型制作 / 涂灿 陈晴晴

（3）光影

人类对于光线的追求早已成为生物意义上的本能，光与水、空气一起作为基本的生存条件，没有光线进入人眼，一切将湮没在黑暗之中。作为处于进化链顶端的视觉动物，我们生活在一个以视觉为主导的世界。我们所获取的所有信息当中约 80% 来自视觉，而视觉与光环境几乎是同步的，一个相当于受体，一个相当于源头。当有光线照射时，物象就有了明暗对比的微妙变化，立体感随之产生。在获知物象基本信息的同时，人本能地会判断自身与外界物象之间的关联，此时可从视野所得的所有信息中抽取有关空间的提示，从而知道自己与物象之间的距离。因此，光的介入让实体和空间变得可视可感。光的来源有多种类型，在此我们主要关注自然光对空间的辅助塑造和展现作用。光线在绝大多数情况下也被我们赋予了美好的意义，例如光明、温暖、快乐、希望、神秘等，在建筑空间当中也不例外。如果说空间是建筑的灵魂，那么光影就是表达灵魂的有力语言。严格来讲，光影并不是由建筑本体或者空间所生，而是建筑本体与光线在互动中所形成的弥漫于空间之中的动态显现过程。

光影是如何参与空间特征的塑造并影响人们对于空间特征的感知的？从视觉心理的角度来看，空间不仅仅是由实体围合的空的部分，空间是比实体更为精神化的一种存在，它是一种由对比和差异形成的“场”。实体的围合固然是产生空间的一个重要物质要素，但它只是一种媒介，最终空间感的产生还是要通过人的视觉心理感知，光是界定和表现空间的重要手段之一。有关光影与空间的探索在建筑学领域从未停止，几乎所有令人激动的作品都伴随光影的绝妙塑造。

光影与空间氛围：由于空间氛围形成的原因过于综合，这里仅以光影元素为例，学生可以依此延展到其他方面。对于“看得见风景的房间”这一命题来说，光线从窗口向着空间深处逐渐变暗，在明亮与黑暗之间有着较大的跨度，运用这个跨度是光影塑造的重要手段之一。可以尝试思考：光是如何进入建筑的？是从没有封闭的洞口还是穿透某种透光的材质？多少照度才算光线充足？越明亮就越舒适吗？直射的太阳光、漫反射的光、均匀柔和的光、对比明确的光、来自天空的光、来自侧向的光、尽可能引入自然光、适当屏蔽自然光……

下面以静谧、欢快和神秘为例进行解析。

◎ 静谧柔和：静谧原本是针对听觉而言的，但平和的光环境却也有着听觉的通感。处于静谧氛围里往往不会让人感觉有过于强对比的元素，也不会出现比较复杂的视觉元素，对于光线而言则以柔和为佳。我们需要以稳定、持续、渐变的特征进行光线运用。柔和的光线有一种脱离尘嚣的纯净，相对偏暗的空间反而能产生朦胧感，更容易让人思考。进一步分析，为了形成柔和的光线氛围可以采用哪些空间处理手法。比如，在展览馆建筑中我们常常看到，即使外墙有开大片侧窗的条件也不开侧窗，而是通过顶面采光，并且采光口做成深桶形，让阳光经过多次漫反射后进入室内，让室内空间的光线非常柔和，没有任何的阴影。这种手法避免了因侧窗而引入大面积的直射阳光，造成室内出现强烈的光影对比而削弱空间静谧的效果。又如，为了凸显光线反射进室内后的微妙变化，还需要控制室内空间的亮度。日本的和室建筑就是非常好的例子，与西方古建筑相比其更具有静谧氛围和阴柔之美。通常和室厅堂之外还建有缘侧，庭院光线通过多次漫反射，透过和纸门扇静悄悄映入室内。室内陈设是绝对的简素，静寂而虚幻的光线悠然沁入室内浅淡柔和的砂壁，无法捉摸的光线随着时间推移变幻着，使整个室内笼罩于静谧的禅意之中。

◎ 欢快活跃：欢快活跃的空间氛围与静谧空间截然不同，身处其中会让人感到开心、激动、兴奋。此类空间往往存在较多的活跃元素，比如明快的色彩对比、富有变化的家具陈设等，除此之外，光在其中仍然是最具表现力的活跃元素。那么光是如何让空间变得如此欢快明朗的呢？同学们经过提炼，可能总结出以下原因：第一，欢快的氛围往往比较明亮，因为强烈的光线本身就带有热烈的情感特征，空间中可能存在大面积的窗引入了大量的光线；第二，空间中有强烈的光线必然会伴随有暗沉的部分，这种明与暗的强烈对比会使人感受到两种不同密度空间的流动关系，这种空间的动态张力使人兴奋和喜悦；第三，日光穿过窗棂等构件，在室内不同界面上留下丰富的落影，落影因日光的强度和入射角度不同而不停变幻着自己的形态，形成室内动态活跃的视觉元素；第四，在某些另类新奇的空间中可能设置了彩色玻璃窗，将日光进行色彩的加工，投射在室内形成色彩斑斓的光影效果，让人感觉欢快。当然，我们还能列举出许多产生空间氛围的原因，学生应尽可能多地去感知、去总结。

◎ 神圣神秘：自古以来，光一直被赋予神奇力量的象征，尤其在西方宗教建筑中，光都象征着上帝的存在和召唤，室内空间无不把“天国之光”表现到极致。有的同学脑海中呈现出神圣感的场景或空间，神圣感从何而来？第一，高耸的空间，仿佛有向上发展的动势，容易使人产生神圣感。第二，在人的视线范围内基本隔绝与外界的联系，主要的采光口都在顶面或高处，这使得下部的空间较为昏暗，上部则有明亮的天光洒下，人因此而产生渺小感，更加凸显上帝的神性。第三，类比于西方教堂，顶部会处理成采光亭，就是为了形成光的朦胧感，侧向斜入的光线经过折射、漫射，融为一体，映亮了整个穹顶。此外，神秘感与神圣感有着相似的地方，但神秘感更侧重于对未知的好奇与探求。通过光元素来营造神秘的空间氛围可以分为两类：一是在光明环境中植入黑暗，二是在黑暗环境中出现微光。神秘产生于未知，因此这两类都能使人产生探求未知的潜动力。尤其是第二类空间通过控制采光量，形成一个整体幽暗的环境，衬托出光的姿态，神秘感更为强烈。

光与空间尺度：人视下的三维空间存在着透视效果，在物体的大小、距离、材质、色彩等各方面都会显现梯度或渐变的特征，这些是光照条件下反映出的空间实体的物理特性。而自然光本身进入空间后会存在亮度上的变化，这是体现空间深度的关键信息。一个单一空间，光线从窗口照射进屋内，向着纵深方向渐渐变暗，这种有方向性的光线亮度渐变会强化房间深度方面的信息。前文在尺度解析中已经讲过空间尺度超越物理尺寸并借由人体尺度的相对性进行感知，在这里我们补充讲述光线对这种感知的影响，即同一个人进入相同尺寸的房间，由于光线因素的变化和界面透明性的改变，感知到的尺度会有差异性。因光线明亮程度不同而感觉大小不同，明亮的那间让人感觉尺寸更大。如果光源在房间外部，这一感受则更加明显，建筑本体的“透明性”特征涉及光线能否或者如何进入建筑空间并在空间内进行反射。此外，透光与透视往往叠加在一起，在人们的视线追逐光线的同时，思想随着视线的拓展而拓展，从而感受到更加广阔的尺度。

光线作为人类能够看得见的基本条件是在场景中被使用的。人是视觉的动物，没有光线的照射，空间将湮没在一片黑暗之中，只有光的介入才能将空间展示在我们面前，同时光还对空间进行了二次创造和再组织。光与影的相生相伴，让我们能够体验到世界的诸多特征，通过视觉理解空间的深度、空间的方向感以及时间感等，甚至实现与其他感觉的互通。例如，光线的出现让我们看见了质感，而非触摸到质感；阳光让我们看见昼夜、季节等时间感等。

光影与空间边界：空间边界是限定空间范围的要素，光线可以通过强化或者弱化这种边界来影响人们对于场景的感知。首先，光的出现让物质世界有明暗的概念，明与暗的分区或者边界即是我们感知空间的依托。光对空间的限定是通过不同亮度的光形成空间领域，它更多意义上是一种心理空间。如勒·柯布西耶在朗香教堂中只在墙与天花接缝处留出光缝，以点明空间的轮廓，给予空间尺度感；路易斯·康在金贝儿美术馆中拱廊与墙之间所留缝隙，消除了物质交接的强硬边界，取而代之以光线引起人们对于尽头的关注。在光影与空间边界中亦可通过亮度差异形成明暗的对比，对空间进行清晰的区分，产生一系列更加细分的光环境空间，丰富建筑空间的层次。建筑空间在实体明确的界分下具有被包裹的特性，实体对空间的划分强势而明确。与此相类似，自然光也可以通过其明暗边界来进行空间的限定，不过此时的限定是柔性的、可变的，以光照下不同亮度的空间领域的形式出现。

光影与空间开放性：人们对空间开放和封闭程度的感知主要依托空间边界，而光线穿透空间边界的特征进一步影响人们对于空间

光线不请自来地穿越界面，在房中挥洒，
镂空的木质门窗与阳光彼此成就，
阳光让我们看见界面的美，界面帮我们捕捉灵动的光！

路易斯·康在拱廊与墙面之间消除了实体的交界，
取而代之以光线勾勒，
颇有“以不尽尽之”之妙。

开放性的感知，比如中式传统建筑中的花窗、玻璃屋、半透明的纸窗等，由光线对边界的穿透程度来影响人们对于空间边界强弱的感受。例如纸窗，当光线微弱时，其限定感十分明确；当光线渐渐增强，纸窗变得越来越亮，界面实体感被弱化，空间的开敞感随之增强。

光影与空间动态：光作为场景要素中的动态要素，光的动态特征能够让人们感知到静态场景之外更多的"戏份"。在场景营造当中，同一个静态的场景，运用不同的光线可以呈现多幕效果，因此光影可以拓展场景在内容和时间维度的可见范围。

光影与场景焦点：在同一场景中，人们不可能对所有要素给予同等分量的关注，而向光性是视觉追随的重要特征，简而言之，场景中明暗对比强烈的地方往往容易成为焦点。这一点在单一空间的场景营造中至关重要，因为单一空间的空间层次塑造具有一定的困难，其空间序列比较简单，光影承担着在空间中进行区域二次精细化界定的角色，它让焦点更突出、层次更丰富。

例如，某位同学在场景营造中用光线讲述了一个小女孩在围棋班中被留堂的经历，当昏暗的心情几近崩溃之时，眼睛瞥向偌大的落地窗，爸爸的身影成为刹那间解放自己的"风景"。第一幕场景将光线聚集于下围棋的场景，将小女孩置于暗影之中，黑白的画面突出心情的低落，第二幕场景光线仿佛是夕阳的余晖，随着心情的转换仿佛窗外的草也变绿了、房间也温暖了、光线也柔和了、视角也正常了……

模型制作 / 李菁菁

（4）质感

界面本身的材料对于房间的建造和体验有着密切影响。对于建筑实体界面也好，室内陈设也好，在意向物化过程中，对材料的不同选择，会很大程度上影响人们的空间体验感，其中起关键作用的因素是材料的质感。人们利用不同材料独有的物理属性，借以不同的结构、光感、肌理、色温等传递着丰富的视觉与触觉感知，在建筑空间中找寻新的情感维度，表达着某种知觉记忆，承载着某种设计理念。

“质感”是一个比较主观、感性和抽象的词。我们可以把人们感受质感的过程理解为：一种材料本身具有并展示出某种物理属性，进而人对材料的这种物理属性形成某种稳定的、独特的感性体验。其中物理属性是材料本身客观存在的特征，比如：肌理的光滑与粗糙，色泽的鲜亮与暗淡……感性体验则是材料物理属性带给人的心理感受或情感倾向，两者均与人的生活体验密切相关，比如：看到钢铁会感觉冰冷，看到岩石会感觉厚重，看到原木会感觉古朴等。既然材料质感在人的感受上有如此强的影响力，那么选择合适的材料用于场景营造自然十分重要。场景中的元素可以通过材料的质感暗示或明示。在场景营造中，准确的材料选择能够恰到好处地实现空间叙事的目的。

例如，某位同学所选的房间为外婆家的老屋，在梳理基本的空间特征之后，进行了非常细腻的质感表达：略微粗糙的墙面、陈旧的地板、墙角简易但具有年代感的橱柜以及小朋友在墙面上的画作……从建筑师的视角来讲，可能存在过于具象的问题，但从场景塑造来讲，恰恰是这些质感提示了我们场景的意象、年代等信息。

模型制作 / 莫煖

（5）氛围

氛围即空间的“气质”，如果说尺度、形态与光影是场景某一方面的特征，那么氛围则是指所有特征叠加而成的整体特征，其更加抽象、更加综合。场景之所以打动人，是因为场景营造出的氛围能够与他者产生共鸣，且准确地传递了作者所要表达的信息。例如，迪士尼主题公园的“欢快”、商业街的“繁华”、小镇的“质朴”、纪念性建筑的“庄严”、图书馆的“安静”、卧室的“舒适”……场景营造的过程需要预先解析所要传递的气质并时刻检验所选择的方法是否符合这个综合性的目标。与氛围相近的另一表述为“意境”，是中国独有的美学术语，属于精神哲理空间，其渊源可以追溯到先秦哲学。唐代王昌龄的《诗格》中提出了意境创造的三个层次，即物境、情境、意境，重在对虚化了的韵致和意味的感悟和想象。但在绝大部分的“房间”中谈论意境过于虚幻，即使在本次训练的“风景”中谈论意境对于初学者来讲也过于困难。与之相比，氛围是德国当代美学家格诺特·波默气氛美学的核心，属于情感知觉空间，即场景带给人的综合感受，因而对建筑场景营造所期望达到的目标效果而言，“氛围”的表述更为准确。

氛围的塑造需要依托物质载体，此时物质载体作为媒介不再仅仅是一种具体的事物或者信息，需要适当超越就物论物的“具象”观点来进行解析。站在塑造者与观赏者共鸣的角度去提炼场景氛围，需要关注两点。其一，情感。场景营造并不是简单的搭建，而是要满足情感需求，让观者也能感受到与塑造者相同的情感。从意象凝练阶段我们就一直强调场景必须首先打动自己，或温馨、或欢乐、或孤独、或压抑……哪怕是电影、小说或游戏中某个科幻的场景，震撼自己是前提。有了这样情感注入的前提，才可能去感染他人，让观者看到场景时也能产生相似的联想和共情。其二，体验。我们在设想场景时应该强调体验性。场景中的元素并非孤立的点，而是所有场景元素共同作用、互相融合、发生交互之后形成了一种氛围。建筑空间不是舞台布景般的画面，人身在其中也非如打卡般找准一个完美的角度留影即可。我们需要的是一个能让人愿意停留的真实空间，应该让自己以空间使用者的角色沉浸其中，寻找空间的关键信息。此外，氛围是客观呈现在主观心理上的反应，当我们去讨论环境带给人的心理感受时，最直接的便是自己的感受，而对于他人的纯粹感受是无法直接读取的，只能通过移情的方式去理解或者通过行为等一切外显的反应去倒推。在这个过程中所呈现的便是行为视角和心理视角之间的转换。

模型制作 / 陈 也

原场景设定为一个废弃仓库中的音乐流淌的情景。在黑暗空间中，往往人们会体验到压抑、孤独和害怕，场景通过高处较小的窗口，光线如利剑般插入室内，划破沉寂，所指恰为人与琴所处区域。音乐的律动和光影的变化均得到了提示，并且光线的刹那所指恰好发挥了视觉焦点的导引作用，甚至可以说这道光才是场景的生命力所在。场景塑造本身具有一定的冲击力。然而，这一场景由于缺乏真实的体验感，更像是某段MV中人为摆拍的艺术场景，且对室内外的关系进行了过强的限制，因此并不十分契合看得见风景的房间这一主题。但针对光影让空间动起来这样的特定探索，学生对于光线的运用和对场景感的控制作为过程性训练十分值得肯定。

互动关系

“关系”存在于彼此之间，指在场景之中的各个要素之间的对话方式，场景中的关系有些是显性的，有些是微妙的；有些是客观存在的，有些是主观建立的。场景要素和空间特征的解析都是在为场景塑造做准备，那么互动关系的提取则是最终场景激活的关键。要素关系多种多样，几乎是无法穷举的。关系的认知并不是虚无缥缈的想象，而是具体的要素之间、特征之间、空间之间关联性的讨论，在常规的对比关系、层级关系、并列关系、递进关系等基础框架之上，因路径、视线、行为、光线等实现互动，关系的讨论主要面向下一步场景中要素以怎样的组合或者规则进行组织。这里重点讨论活动与空间、房间的内与外，以及与之伴随的人与景等方面，作为学生在场景营造具体操作过程中的抓手。

活动与空间：以场景为整体，以活动为脉络，动态的人与静态的物共同组成场景。人通过在空间中的位移去完整地感知场景，空间动线上人的位置存在多种移动或停留的可能性，人的视线方向或视域存在各种变换，在此过程中观察注意的焦点也不尽相同，以及信息处理具有个性特点等主客观因素共同作用，最终形成人对建筑空间的整体印象。这里倾向于用“活动”代替“行为”的表述，主要是因为其更加外显和具体。行为泛指人体指向外部的一切反应，亦有观点认为行为是内在意识的外在表现形式，反过来意识本身是人的内在的隐性行为。因此，在场景营造训练中，空间作为人在场景中的活动发生的容器，空间与活动之间存在支持和诱导的关系。适宜的空间可以激发某些行为，但不存在必然的因果关系。在场景中的互动关系解析中，场景中可能出现的活动本身是一个重要的切入点，意味着场景营造的主体（即设计者）对相关活动的预判和控制，目的在于提示学生从行为心理的角度创造高契合度的场景。

进一步思考，空间中活动的主体是谁？空间中活动的类型有什么？在场景营造的训练中我们鼓励有明确的主体设定，可以是自己或者臆测中的某人、某群体类型，只有当主体比较具体之时其活动时的行为特征才更加明确。接下来的一系列操作都围绕着具体的活动展开，行为逻辑自然而然地贯穿场景之中。与活动所附带的功能性不同，物化的模型需要简化，附带具有特征识别属性的行为类型，通常表现为去功能化的自然人的行为，例如站、坐、走、趴、躺、跳……与这几种行为相比，“看”这一行为在模型中的表现似乎并不显著，看是伴随在其他或静或动的活动之中的。那么，围绕本次课题“看得见风景的房间”中的关键词“看”如何进行活动逻辑的表现呢？这里，我们建议将“看”的主体所处的位置和姿势进行综合推敲，例如，看—坐着看—坐在窗前看—坐在窗前的椅子上看—坐在窗前的椅子上，不经意地向窗外瞥了一眼……再如，看—站着看—站在屋外，仰望星空……诸如此类，将“看”这一行为融入更为丰富的活动中去。这里还值得强调的是，在视线的讨论中，藏与露都很关键，有时我们需要刻意屏蔽某些视线以营造更具有可控性的场景。

在活动与空间的互动关系解析中，我们再次提到了“人”，这里与前文所提及的人体尺度有所重叠亦有所差别，前文所述比例人的意义在于提示空间尺度，探讨尺度的相对性，而这里更加侧重场景的代入感，依托姿势的塑造表现与空间的关系。例如，一个标准化的模特人和一个生动的姿态化的模型人所传递的信息指向性不同，后者更具场景感。因此，我们鼓励学生以符合整体氛围为出发点，

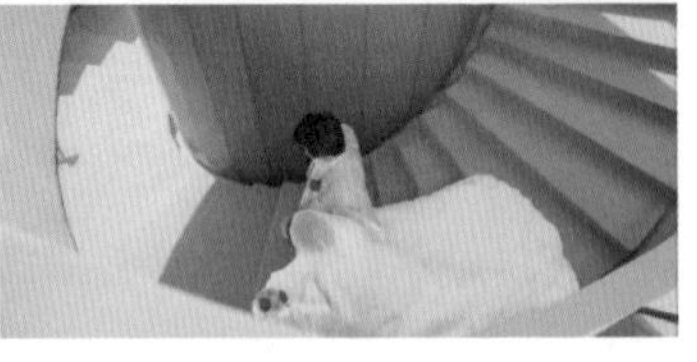

方案设计 / 中村拓志建筑事务所　　案例分析模型制作 / 周多仪 李清桦

以中村拓志建筑事务所设计的丝带教堂为例，建筑的底部是一个容纳80余席位的可举办婚礼的教堂。在玻璃厅内部可以一览无余外围的美景，通过视线与盘旋的室外楼梯互通，新郎新娘行进交织的路径与“活动与空间”之间的关系几乎是互为因果。在这一建筑场景中，人的活动，作为被组织过的连续的过程，不仅在于室内，更在于室内与室外的连贯性的互动。

对活动主体使用姿态化的表达方式。当然，模型人的形象和姿态在处理上需要十分准确，否则适得其反。例如，某位同学营造的是家乡农家小屋的场景，屋内陈设（农具等）推敲合理，窗外金色麦浪滚滚，一派热闹的秋收场面……场景本身非常有感染力，然而在最终的表现上，田埂上却立着一位塑料版穿着西装的精英雅士，反而产生了违和的结果。在活动的表现中，细节指向“人物”的姿态，而非外在的容貌长相，衣着服饰等建议略去，这便需要同学们自己根据场景内容进行制作，而非购买标准化成品。除了那些借由姿态化的人物进行表现的活动，另一种方式便是借由陈设进行提示，即场景中的人物或许并没有直接呈现使用的状态，但一些具体的物能够激发观者的联想，这种从心理层面的激发使得观者能够理解场景中更多的“可能性”。再如，城市街角一间酒吧临窗设置吧台，许多人选择坐在高高的吧凳上向外观赏街景，与路过的行人不时对望，自成乐趣。吧台有那么多的坐具，也许是孤身一人借酒浇愁于此，也许是成群结队的伙伴欢聚于此，我们需要在数量的使用方面留有余地和可能性，将这种对于场景的延伸使用和延伸理解留给观者。

图 / 埃克塞特学院图书馆一角　　　　模型制作 / 杨梓烨

在房间一个逼仄的小角落里，阳光不请自来，伏案学习的同学通过小小的窗口实现与外界的联通，场景安静柔和。反之，如果我们关闭这扇小窗，将坐着的姿势改为标准化站立，那么这个角落似乎瞬间转为惩罚式的空间。与之类似的小尺度场景可以参考路易斯·康在埃克塞特学院图书馆中的局部处理，新入门的学生事实上并未参考这一具体案例，甚至可能不知路易斯·康的大名，但在最终的呈现中展现了异曲同工之妙。

模型制作 / 王郭婧

在有关房间与水景的互动关系中，可以是远眺、架空等一般意义上的亲水，但这位同学选择了向前更进一步。作者首先在海面上建了一个小巧的休息平台，从平台一侧的大门进入，可以看到水面之上的景象，通过逼仄倾斜的通道往下，以强烈的导向在通道的转折处突然出现一道狭长的窗户，人的视点几乎与水面齐平，远方水天相接处落日霞光辽阔壮丽。继续下行进入水晶宫一般的玻璃房间，房间彻底融入水中。在思考过程中，学生通过不断行进的路径组织了房间与水景的多种关系。

房间内与外：本次场景营造要求学生关注室内空间感受，将完成的重心放在房间内部场景，但没有一个房间是可以脱离环境而存在的，无论环境是什么，无论彼此之间的关系强或弱，它都应当作为刻意思考的内容。窗作为室内外的边界所带来的关系及衍生的体验最为丰富，窗户附近之所以有趣，正是出于内外交汇、变化丰富，这也是本次命题中“看得见”的主要通道。钱锺书先生的散文中曾这样描述，“窗子打通了大自然和人的隔膜，把风和太阳逗进来，使屋子里也关着一部分春天”，寥寥几笔，便为我们点出了窗的意义，在实现室内空间限定的同时保持与自然的联通，通风、采光、日照、视线、心情……以及窗作为边界的主动性（逗）和这一区域的动态特征（进来、关着）。

在有关房间内与外的讨论中，无论是传统建筑还是现代建筑，都很注重运用空间的渗透来增强空间的层次感，在近年来的一些建筑探索中，空间的组织渗透、室内外关系等更加灵活、丰富且富于趣味性。以藤本壮介设计的 House N 为例，三层嵌套的方式产生了丰富而奇特的建筑空间，从一层看向另一层，从一个空间看向另一个空间，三层孔洞的分布设计精巧，恰好相互遮掩，空间通透，却并不会将主人的隐私暴露。街道上的行人向屋内看时，也只能看到绿意盎然的花园。大量的开窗增强了视觉上的丰富层次，也模糊了传统建筑空间既定的界限，让外部空间拥有了内部的氛围的同时，也将建筑室内营造出外部空间的意境，实现了建筑室内外空间的精妙交互。

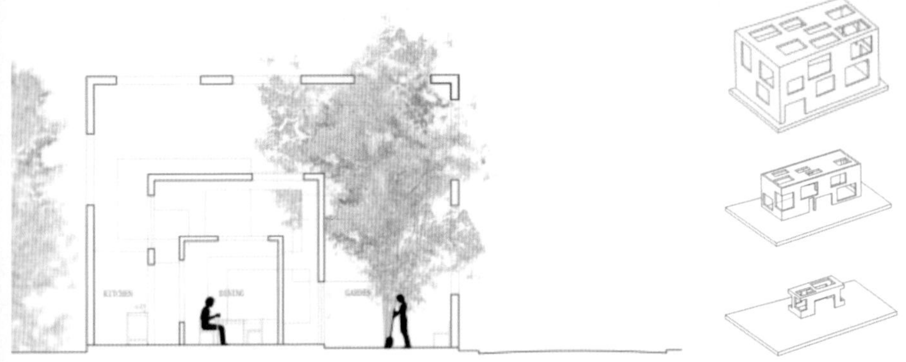

建筑师 / 藤本壮介
图 / 引自《西泽立卫对谈集》

总之，围绕看得见风景的房间中室内外关系的讨论的切入点非常多，下面选择由外而内的光线和由内而外的视线作为两个互动的切入点进行解析。

下页所示为某同学所作茶室场景的局部，那么人处于室内如何把美景纳入室内，从而获得更好的观景感受呢？窗的形态设置成横向长窗（从柯布西耶1923年提出长窗到百年之后建筑学新生的自主、自如选用，说明长窗在视野拓展中的优势已深入人心），与水面的水平线条契合。长窗的尺度是经过深思熟虑的，人站在吧台附近，眺望到的景致如画卷一般被长窗收束；靠近窗口坐下，视线处于窗高的中点附近，观景完全不受长窗尺寸的限制和影响，如完全置身室外美景之中一般。由于坐下观景的感受非常好，人坐下休憩的行为得以长时间持续，这也可以看作是建筑处理对行为发生的良好支持。长窗的高度同时也控制了直射阳光进入室内的范围，使得室内的入口处较暗，随着行进路线渐亮的空间光影变化，突出了窗附近是空间的重点区域。在室内外关系方面除对媒介窗的思考之外，还关注到观景视点的高度问题。作者打破常规的建筑高于水面的处理方式，让室内地坪略低于水平面，获得了人与水面的亲近感及新奇的体验。

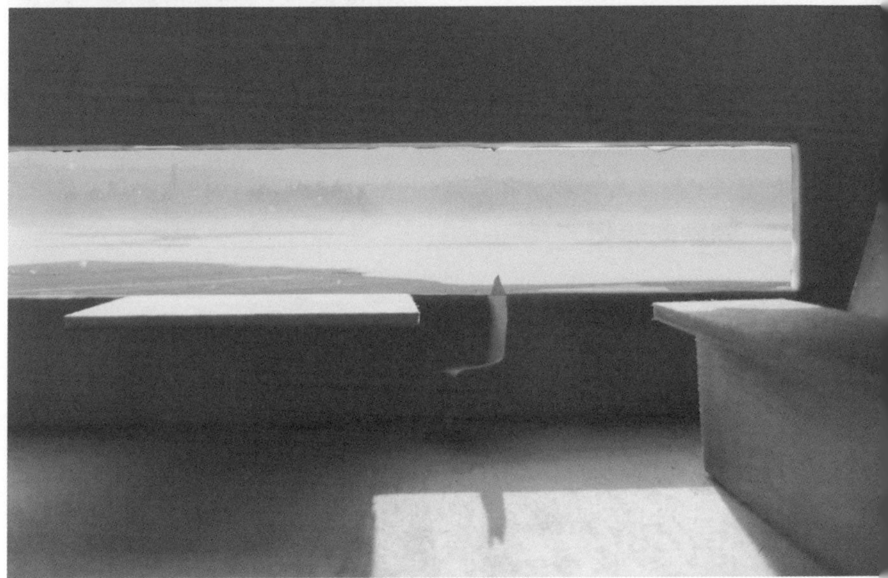

模型制作 / 颜瑞捷

此外，在有关互动关系的解析中，我们针对部分同学引入了有关本体与意识的探讨，在基于印象的场景营造中，相当于“现在的你将曾经的你代入了模型场景”，这种与自身的互动转化试图让同学们理解空间体验是如何积累并转化为内在的设计能力的。观察视角的转换有助于同学们更好地理解互动的含义。例如，从室内的体验视角转为对整体空间的把控；再到以缩小场景至模型尺度进行观察。当我们在看模型的时候，仍然是以第三方的视角来看待场景中的一切的，而并不是以场景中的人物的视角来看，场景中的人俨然也已经成为被我们所观察的对象。那么，有什么比看着曾经的自己更能理解这个场景呢？相当于在这个场景中，学生既了解场景中的“人”，又能够以旁观者的身份再次审视当时的整体感受。在本次的场景营造训练中，命题鼓励的方式便是：代入自己当时的行为和心理去理解场景，即从一个新的视角看见曾经的自己，看见自己内心的世界！

物象的转化

“物象”相对于前文所述的“意象”，是指场景中那些在事实上存在的事物，是不以旁观者内心的意志为转移的客观存在。场景信息经过提炼之后最终落定为场景的整体形象以及组成这个整体形象的物化的内容，这些信息进行形象化的转化后才能被观者准确接收。前一阶段场景要素、空间特征和互动关系的解析正是本阶段物化的依据，但是凝练和解析还远远不够，所有内容需要通过形象化的方式进行表达。因此，从心之所向到现实落地必须进行物象的转化。

在场景营造的推敲过程中，信息无论以何种形式表现，最终都必须转化为可以被感知的形象化的内容，包括具体事物的形象化和抽象事物的形象化。需要强调的是，不可将形象转化与具象表达画等号，在初次训练中，相当多的学生会将二者混为一谈。形象化是指将脑海中的意象、语言文字、抽象关系等实现图像或模型的表达，这里所说的转化指的是形象化，达到从“不可感知”到“可感知”的目的，在本次训练中尤其聚焦于从“不可见”到“可见”。具象则是指对具体事物的具体刻画，可以通过文字、声音、图像等多种方式进行，与可见不可见有相关性，但没有必然联系。场景营造的形象化包括三维形象化和二维形象化两种类型，两种方式各有优势，在我们的教学中对两种方式进行了穿插使用。

三维形象化

在现实中，营造指向１：１的真实营建，而这里则是以模型的方式对这个过程进行模拟。模型，是依托物质组合实现空间的想象，从模型切入的教学体系，其可贵之处在于建造逻辑和空间想象是同步推进的。场景信息的物化是模型制作的前提，模型操作在一定程度上类似于对真实建造的模拟，直接操作的对象为“物”，以物的模拟来传递信息。在本次场景营造中，意象、特征、关系，均需要转为物化的信息，并以模型的方式进行呈现。这里至少需要思考空间关系的物化（例如房间的限定、要素的位置）、要素的物化（陈设、景物）、场景体验的物化（人物）以及其他一些动态的瞬时的物化（光线），具体根据场景表达的目标进行特征化、形象化的模拟。下面进行简要说明。

（1）场景的整体形象

在场景的物象呈现中，我们主张整体形象是摆在第一位的，场景营造中的整体物象不是 1+1=2 的关系，而是反过来 $1 \approx a+b+\cdots+n$ 的理解。同样的一系列语汇，组合会形成不同的场景。从认知的角度，场景是一个整体，但是从创造一个场景的角度来讲，场景是依托物化的内容构建组合而成的，并非任意一个元素或者某一个特征构成，而是由关键的元素提示了场景的独特性，并由全部的元素共同构成了独特的场景。建筑学的场景营造指向的是空间场景，因此空间本身作为重要手段，将空间效果作为前置性的核心目标是非常关键的，这一点是教师在引导过程中应当明确提示学生的。初学阶段，许多同学认为建筑空间自身是背景化的，空间必然沉默，只能以实体要素来讲故事，从而舍本逐末，迫不及待地将场景中的各种事物进行堆砌，对于空间效果过分冲击的结果很可能导向场景的支离破碎。

（2）场景表达媒介

模型对于建筑师空间思维训练的益处已有大量著作进行过论证，它既是思考的过程又是表现的形式。模型作为场景训练的载体优势在于第三维的空间深度、空间操作的直接性、场景表达的有效性等，通过模型的表达方式让脑海中的场景成为他人可感知、可视甚至可参与的活力空间，这些优势已在诸多关于模型制作的书籍中进行过阐述。就模型本身而言，技术手段、表现方式等外在反应多种多样，模型种类的区别并非在于制作的工艺，而是所传递的信息和思维过程有所差异。本次场景营造的空间化过程本身亦兼具思考研究和最终呈现，模型作为工作手段毫无争议地成为首选，但是模型本身亦具有极大的差异性，这里不得不对模型的具体使用展开讨论，究竟何种模型在何种训练阶段更有利呢？建筑基础教学的训练中相对抽象的模型和相对具象的模型应该在什么时候出场？以及在本次训练中二者该如何使用？

（3）模型比例——大比例 / 小比例

模型的比例选择取决于需要表达的信息。小比例用于体量关系的推敲或者宏观尺度层面的展示，甚至可以没有内部空间，例如城市模型、体块模型，对于初学者而言小比例模型仅用于组合关系的探讨，难以脑补内部的空间感受。当模型比例逐渐放大，在1 ：100 ～ 1 ：50 时，模型的内部空间就逐渐显示出来；当模型尺度深入 1 ：20 ～ 1 ：10 的范围时，模型内部空间便有可能成为模型操作的重心，模型的制作者和观者可以在这种大尺度模型中对具体空间体验、陈设、材质等进行深入讨论。刚刚入学的学生，与没有专业知识的普通人并没有太大的差别，想要在模型空间中对于印象、体验等内容进行输出，大比例模型必不可少。本次场景营造限定为单一空间，命题的出发视点定为内部空间，因此必须通过 1 ：20 及以上大比例模型才能达到场景表现的效果。

（4）模拟目的——过程 / 成果

模型作为模拟的途径，一方面作为工具探究成果产生的过程，另一方面模拟最终的成果。过程模型并非做模型过程的拍摄，而是用于推敲过程的模型，结果模型则是对推敲结果最终的呈现。同学们口中的“草模”大多是用于对过程的研究，因此在更大意义上与过程模型叠合。这里需要明确指出的是过程模型和成果模型的本质区别不在于做工是否精制，而是用途不同。模型中的准确性并非工匠意义上的操作准确性，而是场景要素、特征及其关系效果传达的准确性。例如西班牙圣家族教堂中陈列的以力找形的过程性模型，其对于“精准性”的要求甚至更甚。从教学的角度，老师应当从下面四个方面对教学过程中不同阶段模型模拟的要点及时给予提示。

其一，就场景营造的教学训练来讲，在三维化的初期，印象并不清晰、关系并不明朗，这一时期的探讨讲求高效的交流。过程模型以简单甚至抽象的方式进行示意，高效操作的要求自然而然地帮助同学削减掉冗余的事物；这种交流可以是简易制作的模型，甚至可以是利用身边可以获取的其他“物”进行的象征性模拟。整体上来讲，沟通极为高效，并且能够将某些“不准确”直观地呈现出来并及时发现，以避免在最终结果中严重失衡，形象化的过程恰恰就是从这些快速的示意中一步步调整趋向于准确的。

其二，操作的过程要求学生首先进行空间限定，这一时序非常关键，即迫使学生必须进行空间思维的训练，将日常作为背景的建筑空间强势地优先呈现，接下来的操作均围绕空间限定展开，之后加入的任何要素都可以在场景的大背景中进行观察体验和调整。

其三，过程模型是低成本的尝试，是降低失败概率的重要途径。过程推敲中以易加工的方式进行十分重要，否则初学者很可能在无法把握空间之时，陷入对于细节的追求。例如某同学在制作过程中，过早地追求木屋的质感，选择了硬木作为模型材料，倒置了首先研究空间的初衷，并且在木材的加工过程中消耗了大量的精力，不利于将思维聚焦在对空间问题的探讨中。在这里，我们建议过程中使用瓦楞纸等较为廉价和易加工的材料，消除学生对于操作本身过于紧张的心态，后图所示为部分同学用于过程推敲的模型，快速利用瓦楞纸板进行塑造，场景感已经初显。草模的制作相比正式模型更加放松，并可尝试多个草模的对比，对于不甚满意的方案可以果断舍弃，因为成本并不高。相反，如果直接进入正模制作，可能由于不好修改、已经投入过多精力而陷入即使发现问题也难以舍弃的尴尬境地，如果放弃，由于时间成本过高而形成很强的挫败感；如果坚持完成，最终作品难以令自己十分满意。

其四，对于初次完成设计作业的学生，在场景选择的初期，建议每人提出 2 ～ 3 个构想，前期必要的数量是后期成功的保障，当某个场景的效果不理想的时候，还有备选方案，老师与学生共同完成的是一个优中选优的过程。过程模型一方面在多个方案之间对比，另一方面可以针对同一个场景的不同表达方式，后者对于认知深化有所助益。例如抽象的表达、具象的表达，甚至一些反转的表达等，具体的手段是多样性的。这里我们不对具体的手段做限制，而是要求必须有这样一个过程，理解不同的表现方式对于场景信息传递的有效性。

上图 / 西班牙圣家族教堂模型
下图 / 西班牙圣家族教堂中陈列的以力找形的过程性模型

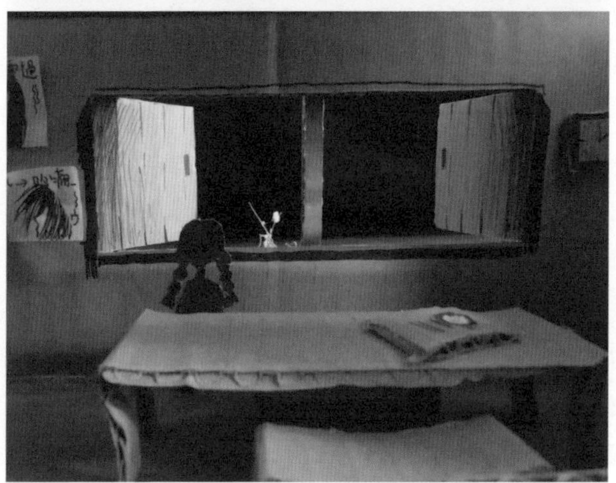

模型制作 / 孔繁一（上）雷梦（下）

（5）形象化的方式——抽象模型与表现模型

抽象模型与表现模型和前文所述的过程模型与成果模型不存在一一对应关系，其本质差异仍然是搭载的信息不同以及服务的目的不同。抽象模型侧重于对空间、尺度、秩序等抽象信息的表达，略去了大量有关“物”的信息而更加抽象和纯粹，通常以白模或素模的方式表现；表现模型则在此基础上考虑更多信息的传递，例如质感、透明度、色彩等更多信息，有助于叙事性信息的传递。因此模型手段的选择背后本质的差异在于目标和观点不同。

对于场景营造的训练，有关形象化的思辨呈现两种观点：第一种，场景被描述得越具体，其叙事性越强、影响力越大，因此应当选择表现模型；第二种，场景营造本身只是训练手段而非目的，应当侧重于空间的表达，尽可能略去细节留给旁观者脑补的余地。如果从描述性“场景”结果的视角来看，似乎陷入了两难的境地。但如果我们站在解释性的“场景”和训练的过程化的视角来看，问题便迎刃而解，即学生需要通过不同的方式去理解其中的异同。

阿尔伯蒂在《建筑论：阿尔伯蒂建筑十书》中写道，“对于模型，不主张精雕细刻，而应朴实无华”“欣赏的是创作家的头脑而不是匠人的巧手”。经验丰富的建筑师，通常喜欢较为抽象的白模，因为它留有一定的脑补余地，留给自己和他人适当的想象空间，高年级同学甚至开玩笑说“模型界的鄙视链应当是白模优于表现模型”，但就限定于单一空间的“看得见风景的房间”这一课题以及第一次做模型的新生，我们认为概念模型与表现模型几乎发挥着同等重要的价值，正是通过二者的结合与对比，才能更好地服务于空间意识的唤醒和场景叙事能力的训练。白模可以尽可能帮助学生屏蔽与空间无关的信息，从而强烈地提示场景中空间的存在，这对于推敲空间关系极为有效。那么在场景的还原、优化、设计等过程中，是不是在模型中增加细节便意味着从创作家变为匠人呢？需要重申的是，单一空间缺失了材料、肌理等细节意味着苍白和没有情感，缺失了具体的陈设意味着没有尺度感，对于初学者本身以及旁观者，少并不等于多，而是意味着什么都没有。因此在我们的教学中，鼓励通过白模捕捉空间、通过几何化处理的体块推敲陈设关系，但在最终的呈现中，鼓励学生代入材质，并对不同的模型效果进行对比，前者聚焦空间，后者强调将空间放在一个由更多因素构成的大的系统中去看待，以避免就空间论空间、就形式论形式等孤立思考的模式。

这里我们以教学中某同学从空间的提取到表现模型的完成过程的解析为例。空白的房间中摒弃了所有细节，有利于对于空间的理解，但这个空间是思维苍白、没有情感的。主人公和陈设的出现开始了空间叙事的模式。木板墙、厚重的呢子大衣、垂下的桌布、细数的日历、窗外风雪中站立的爱人，这些具有质感的要素的出现，是抽象事物形象化的体现，也是“场景感”得以呈现的必要环节。正向排序貌似是一种对场景印象不断叠加以使其丰富化的过程，但事实上从初学者的角度，大量学生的思维顺序是倒序，即脑海中首先呈现的直接是完整的印象，相反需要在老师的引导下不断做减法、做提炼才能够明确意识到前三者的存在。在本次训练中，我们用白模与表现模型进行了共用辅助思维训练，但作为成果表现，我们没有进行限制，即学生可以选择自己认为更具有叙事性的模型方式。总体而言，从教学来讲，形象化的过程是允许学生尝试和探索的，只要场景信息是经过提炼之后的必要性表达即可。

模型制作 / 罗 薇

（6）形象化的程度——刻意留白、事有巨细

工作模式在一定程度上反应思考的过程。抽象的模型极具目标性优势，即根据要表达的目的从繁杂的信息中有侧重点地进行“抽取”，更容易让设计者聚焦对主要问题的思考。对于高年级的建筑学学生或者成熟的建筑师而言，空间是核心议题，为了使空间问题尽可能显现，摒弃其他细节的做法受到绝对偏爱，普遍认为具象事物的出现过于具体，从而抑制了联想发挥的余地，因此，留白的模型中有关具体使用的具象信息需要模型的制作者、观察者、使用者进行脑补。

那么这样刻意留白的做法是不是同样契合本次场景营造呢？具有高度抽象能力和进行有目标的刻意留白的做法是需要肯定的，这正是体现了场景营造的目标性而非复原性，对于能够化繁为简以相对简洁的方式呈现丰富场景营造效果的同学十分难得。然而，作为面向初学者入门的第一次训练，为了抽象而刻意抽象的做法，往往意味着空白、晦涩以及表达的不肯定，反而不利于场景营造的训练。细想，建筑学中无论是抽象的思考还是具象的思考，最终都必须进行形象化的输出，这种输出可以继续呈现抽象的方式以利于不同观者的想象，也可以通过具象化方式对探索结果坚定地表达。因此，在这一阶段我们鼓励学生采用不同的工作方式进行对比，即交替使用两种方式进行推敲。

前文所说的表现模型不等于进行事无巨细的制作，越是选择了具象手段的同学越需要谨慎，任何过于肯定的错误都会被数倍放大，过多的信息还会导致重点元素被细节湮没。在场景营造的训练过程中，两种模型分别用于不同的阶段，在最终场景的表达中，课题对

具体手法、表达材料等不进行太多限定，选择有利于表达场景感和空间叙事的途径，在场景要素的表达方式中有目的地进行细节表达或细节删减，做到“事有巨细”。

模型制作 / 廖泓涓

模型制作 / 黄 芳

模型制作 / 邹翰宜

二维形象化

二维形象化即以图像的方式对场景进行表达或解析，可以是影像亦可以是图解。微缩的模型已经尽可能地进行了场景的形象化，对于整体效果的预览行之有效。鸟瞰的视角，意味着模型对于真实场景感的传递是被抑制的，观者所得到的“感受”实际上是大脑根据鸟瞰图像的投射，结合经验进行的二次演绎。因此，模型的鸟瞰图像只是用来表达场景物化信息的途径。如果我们想要借助模型传递趋近于真实的场景感受，那么必须将视角转为体验的视角，即人视的角度。模型信息虽然直观，但是其传播方式和体验方式具有一定的局限性。模型的观摩人群数量通常是极为有限的，对于绝大多数情况来讲，模型照片恰恰成为体验模型的最终媒介。此外，想要将模型信息传递给更多的人去领悟，通过拍照将三维模型二维图像化是必不可少的方式，拍摄的过程本身就是寻求体验如何被准确传递的过程。为了最终的图像化的目标，模型的操作过程中，作者应当时时刻刻以人视的角度进行校准，从草模开始便是如此。因此，场景营造模型的制作过程中一方面要考虑模型中场景信息的传达，另一方面必须十分重视如何通过模型照片的方式进行场景信息的传递。拍摄出尽可能准确传递场景信息的模型照片是场景营造的另一种检验方式。

在前文所述的场景意象的外显环节，图示语言已经被提及，彼时的目的是利用图示语言进行纸上推理，而这里场景的图像化处理更倾向于对“场景营造”结果最终推理的展示，这里侧重对二维形象化表达的特殊价值和形象化方式进行解析。当我们借助取景器原理以及拍摄技术时，便有可能在大比例的模型中去真切感知室内空间，通过适宜的视角对模型进行图像化处理。经过图像化处理，模型虽然从三维变为了二维，但其图像化却至少具有以下六方面的优势。

其一，在图像化处理的过程中作者可以对模型意象进行更加准确地把控，对特定视角进行定格提示，以避免观者不能及时抓住核心场景的缺陷。其二，对于难以通过模型模拟的事物，借助图像化过程可通过布景呈现，极大地扩展模型所能承载的空间范围。在训练过程中，场景营造结果的输出连接最初的印象，尤其对于无法在模型中直接呈现的内容，通过图像进行补充非常有效。其三，通过模型图像比例的换算，能够呈现更加真切的场景体验。当我们将模型拍摄照片进行等比例放大，利用投影方式进行１：１呈现时，观者的视角则更加准确。其四，可以与现实进行混合拍摄，营造更加真切的场景效果。例如某些同学对风景的处理采用了借景的模式，将某些真实的元素融入二维图像，利用现实增强场景体验效果。其五，二维化之后的图像可借助计算机进行局部的修正，从而便捷高效地实现多种效果的对比。其六，图像可以在更大范围内进行传播，和多人同时体验，改善了场景效果的体验模式和交流模式。在教学当中，实体模型的传递通常会受到空间、时间等多方面的制约，图像化处理是模型发挥更大价值的必不可少的途径。

模型的图像化处理同样讲究准确性，只是与三维空间的准确性在理念上和操作上有一定差异。模型不仅有利于最终场景的拍摄，还有利于对空间化过程是否合理进行判断。实体模型已经最大程度接近于印象中的空间体验。但图像化的拍摄服务于“意象”在二维图像中的整体场景体验，而非服务于意象的空间化模拟。以下图为例，为了在图像中呈现近景、中景、远景的不同层次，作者以照片作为远景，并在模型中采用了不同比例进行混合使用。从真实性上来讲，这种叠加显然是不准确的，但从服务于二维图像体验的视角，意象的准确是关键，这样的叠合示意是可以借用的。

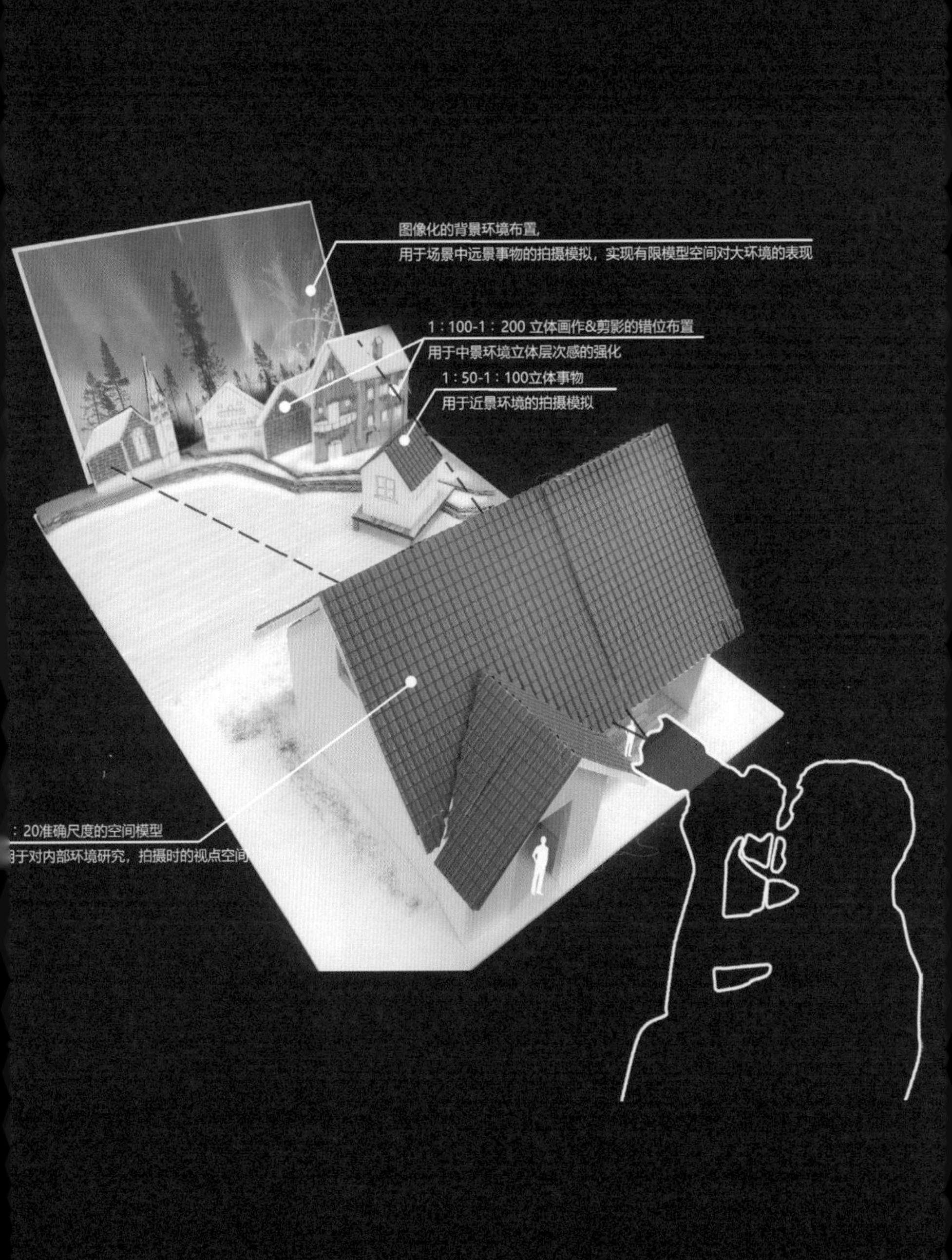
图像化的背景环境布置，
用于场景中远景事物的拍摄模拟，实现有限模型空间对大环境的表现
1：100-1：200 立体画作&剪影的错位布置
用于中景环境立体层次感的强化
1：50-1：100立体事物
用于近景环境的拍摄模拟
：20准确尺度的空间模型
用于对内部环境研究，拍摄时的视点空间

模型制作 / 刘馨仪
引入真实景观作为窗景，增强图像的体验感。

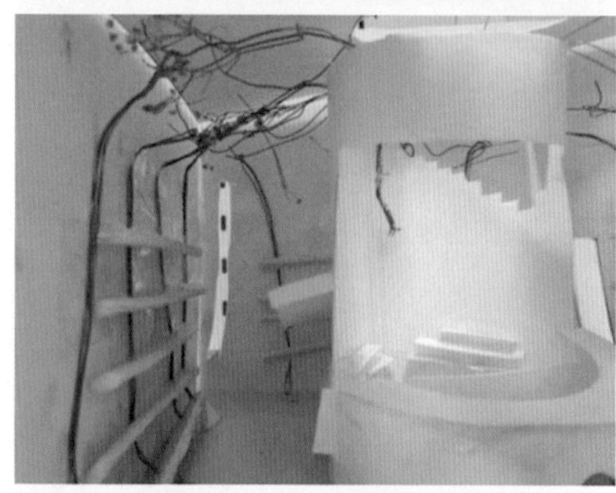

模型制作 / 姚铮
模型中植入线路，探索特效拍摄效果。

模型制作 / 邓心嘉
场景中具象事物的选择性表达做到“事有巨细”。

绘图是场景形象化表达的另一有效途径。在本次场景营造的二维形象化训练中，除模型图像化之外还包括绘图。在意识的显性化过程中图示与此处场景形象化输出的图解不同，前者服务于从印象到形象的过程，属于转译的环节。而此处所说的图解，是以图示的方式对场景营造结果进行表达和解析，以使他者更加精准、清晰地理解场景。这里的绘图可以是示意性的空间关系简图，亦可是精准的平面、立面、剖面图，依据要表达的信息而定。例如，深入表达的剖面图可以将空间形式、材料建造、行为活动等信息同步呈现，提供了人们在日常条件下无法观察到的视角。在前文依托模型摄影输出的图像中，我们可以尝试感知场景的氛围，但这仍然属于感性的范畴，对场景设置更加精准的信息是无法读取的，而图解的过程恰恰是对这一点最好的补充。例如，本次训练要求学生以正投影的方式对室内的平面、立面、剖面等进行表达，在这一过程中之前建立的尺度感与准确尺度之间的匹配关系被加强。又如，对于场景中的视线关系、位置关系等，通过作者的图解提示，观者能够更好地领悟作者所要传达的意图。因此，对场景营造结果的图解表达与模型共同组成场景形象化输出的完整信息。

回望传统的建筑教育，众多院系曾经一度在入学之时加试美术，虽仅淘汰极少数同学，但其折射出的是教学模式本身对绘图的依赖，以及绘图水平高下对建筑基础课程初期学习体验的绝对影响。相比之下，模型作为教学初期的媒介，对于所有同学来讲具有较好的包容性，一定程度上削弱了入门之前的绘画水平差异带来的影响，避免表达“技法”成为入门的障碍，因为可以说人人都会做模型。但是无论如何，我们都不能忽视二维形象化输出的重要性。这并非对画法技巧的比拼，而是三维空间与二维图示之间的思维转化，不求惟妙惟肖，但求表达清晰！

作为设计手段、研究手段、表达手段而存在的平面、立面、剖面，它们并非被限定为表现的技法，而是认知、思考的途径。在现实世界当中，对事物剖而析之是必要的途径，是我们认识复杂关系、认识内部结构等平日无法直接研究的事物的途径。例如，关于解剖在医学当中的重要意义，著名的剖面案例当属达·芬奇关于人脑的切片，极为清晰地呈现了平面和剖面的“视角”。平面和剖面有着重要的对比之处，它们都以解剖的方式，提供人眼日常无法直接感知的关系，只是剖切的方向不同而已，一个是水平，一个是垂直，两者相互映照，共同表达一个事物内在的不同侧面。

“平立剖”并非建筑学的专属，而是人们认知世界并以剖切片呈现的过程，这种转变是思维层面的又一重训练，人视场景是对意象效果的信息凝练、剖面具有对垂直维度理解的启发性、平面具有对水平维度理解的启发性。例如，在看得见风景的房间中，剖面能够直观反映身体与房间的关系，并建立房间与“风景”的关系，它揭示了内部、外部的条件。房间剖面的意义在于表达空间与界面的关系；场地剖面的意义在于表达建筑体量与周围环境的关系。再如，本课题的场景平面图能够明确表达房间所处的外部环境位置关系，房间与景观的远近关系、对位关系等。房间平面图则可以表达人在空间中活动的动线，视点的移动、观景的方位等，以及室内各陈设的大小、位置关系等。在本课题中所要求绘制的立面是以人站在室内为观察点而获得的室内立面图，我们并不需要推敲房间的外观，这个课题也并不是建筑设计。因此，让学生画室内立面图能更好地强化人视的思考角度，表现出正常模型难以传递出的部分信息，帮助观看者对设计出的房间建立清晰完整的理解。

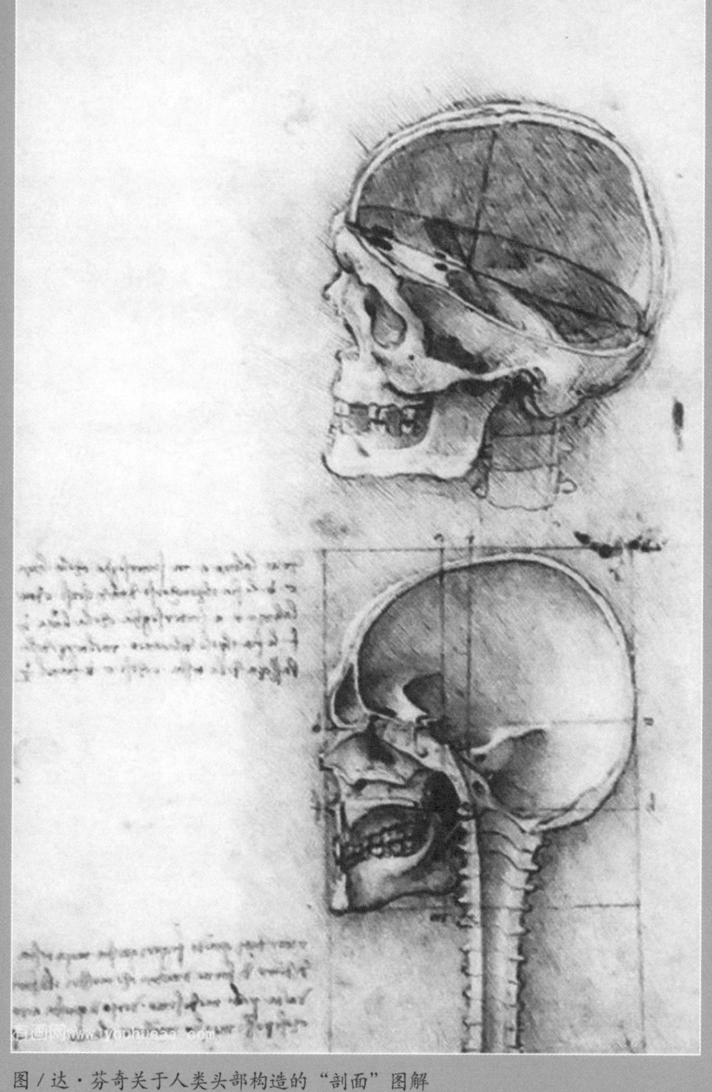

图 / 达·芬奇关于人类头部构造的“剖面”图解

自治
冲进985
杀进211

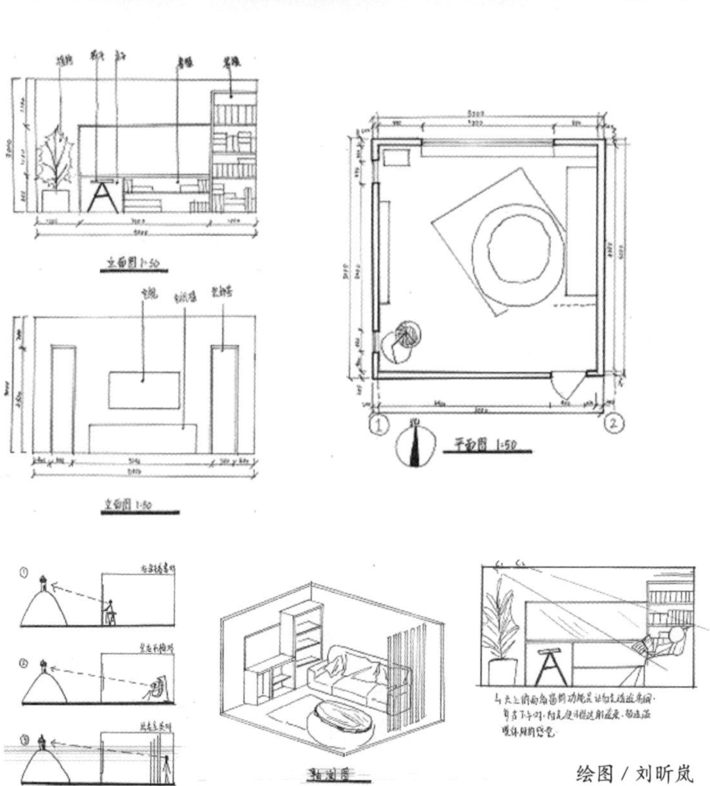

绘图 / 刘昕岚

对“评价”的设计

提及“评价”人们首先想到的往往是强调共性，企图以统一标准的方式实现公平评价、以量化的方式实现所谓科学客观的评价，这对于一般性的知识性学习尚可，但就本课题而言，异质化以及过程性本身具有很高的价值，若简单地以最终成果进行评判，将使得课题进展中有关思维训练和师生互动等诸多内容被埋没在笼统的分数当中，分数无法发挥解惑和提升的作用，因此，传统的评价方式显然无法胜任本次教学探索。针对基于自身印象的“场景营造”这种训练模式，点评的价值仍然在于思维训练而非量化成绩，评图本身成为设计教学非常重要的环节，点评本身需要“被设计”！

针对思维训练的评价通常包括两类。第一类即黑白箱法，黑箱是指创造性活动经过人脑中的黑盒子产生的，评价过程也是在暗箱中进行处理的，难以明确的抽取出来，通常黑箱方法不探讨内部机制与过程，主要从外部结果进行评判；与之相对应，白箱法企图将黑箱变为透明，进行明确的设定，用逻辑语言进行描述，尽可能清晰地呈现分析，以设计最初阶段制定的战略为基准进行检验。在设计类教学中，黑箱法常常被诟病，白箱法相对受到推崇，例如对课题进行阶段性拆分，并严格以阶段预期进行控制。就本课题而言，白箱所倡导的绝对清晰化是难以达到的，无论是推进过程中的思维还是操作的基本路径都可能存在发散和反复，我们亦不期望以严格的操作模式来限定过程，而只是提出我们的引导过程，因此它属于黑箱和白箱之间的状态。第二类为视点变化的方法，例如发散法、变换法等，即从不同角度、不同途径全面展开讨论，旨在突破个体思维的局限性，通过主动转变不同的思维方法对同一事情进行重新思考，以获得更加全面的评价。

经过各种对比，本课题尝试以视点变化的方法为指导，提出复合型的评价模式。对于相对发散的课题，绝不可以陷入自说自话，最终还须表现为共情或者共理，否则将沦为纯粹的自我陶醉，亦无法真正转化为设计能力。视点变化的点评每一步都具有自身独特的作用，本课题具体包括自我视角的自我评价、基于过程参与的组内互评模式、基于过程观察的指导教师点评、基于成果视角的外部评价体系四个层面。

基于自我视角的自评——令你自己满意

第一次作业的意义在于自我的表达，因此它首先需要令自己满意，而不是取悦他人，其评价要点在于是否打动自己，是否令自己满意，产生了共情、共鸣的前提是打动自己。自我评价是一个贯穿整个训练过程的随时检验。例如在意象凝练中通过对比找寻心中之“最”的过程，例如对作品完成过程是否契合内心意象而随时调整，作品完成之后进行最终自我满意度的评价等。整体来讲，自我评价包含明确的要点，即以成果检验是否契合内心对于“看得见风景的房间”的意象，并非同学们之间彼此的较量，而是与自身对话，在多大程度上实现了内心所想？自己对作品是否满意？另一重自我评价的要点则带有总结分析的意味，侧重于以成果检验反思过程控制。整个教学环节时长 4 周，从接触命题到意象凝练，再到场景的转化和作品的成果呈现，环环相扣，稍有不顺或时间节点没把控好，都会影响最终的成果，而这种对于过程的控制能力需要每位同学进行总结和反思。在全过程中学生抓住课题要义有快有慢，理解问题有深有浅，因此到最后大多数学生对自己的最终成果感觉并不满意，存在这样或那样的疑惑，这种现象非常普遍。老师需要给学生树立的观念便是，这只是一次阶段性的训练和过程体验，总结的目的是领悟方法以利后续再提升。

在作品完成之后，我们进行了满意度的自我评述，具体示例如下：

“你认为作品在多大程度上表达了自己内心所想？”——80% 以上的同学认为场景达到了七成以上的表达程度，其中 50% 的同学认为场景营造的成果达到了八成以上的表达程度，这意味着大部分同学的作品基本实现了从印象到空间场景化的转译。

“你对自己本次训练的成果满意吗？可用‘完美’‘有得意之处’‘略有遗憾但十分珍惜’‘如果有机会重做，第二次一定会做得比现在好’‘如果有机会重做，可能会重新选择场景’等语汇进行描述”——在我们的教学训练统计中，仅有极个别同学认为达到了完美的程度，绝大多数同学认为虽有遗憾，但亦有得意之处，十分珍惜本次训练过程，少数同学希望再做一遍，只有低于 10% 的同学希望重新更换场景。这说明绝大多数同学实现了对于印象的凝练。

“如果满分为 100 分，你会给自己打出多少分？”——大约有 34% 的同学对自己高度认可，可以用 90 分以上来形容；95% 的同学认为自己表现至少良好以上。这反映出同学们在这一训练过程中的学习体验比较好。

基于过程参与的组内互评——它山之石，可以攻玉

邀请其他的同学来自己的“场景”以及走进他人的“场景”，通过这样的互动训练共鸣的敏感性。例如，场景信息能否传递？场景感觉能否移植？其评价要点在于从旁观者的视角判断对方场景转化与意象凝练的一致性。学生本身作为命题的直接参与者，一方面全程体验训练的步骤，另一方面不断聆听组内其他同学的表达和观察组内同学的操作，从而形成自我对比，甚至可以尝试提出同样的意象凝练如果换作自己可能会如何表现。同学们往往习惯于针对自己的作品进行反思总结，这很有必要但还远远不够，更为有效的学习途径是学习他人的作品，通过教学中的互相交流观摩，达到“借他人之操作”提升自我之能力和“借他人之点评”提升自我之操作的作用。试想，在仅有的 4 周内，专注于自身的方案是完成深度的学习，而随时抬头看看身边的事物，则是拓宽视野的直接、便捷、高效的途径！试想，如果班上有 N 个同学，那么，针对同一个命题，将拓展 N-1 个方案，再将对这些方案的领悟进行整合，相信一定对方案提升有所裨益！老师已经无法回到当初学生时的懵懂，无法绝对体验学生在启蒙时的真实状态，而同学之间水平相当，在一定共性基础之上具有对照价值。当然这种互评是一种互相提问、总结、反馈、建议、修正的模式，主要发生于训练进行的过程中，老师亦可借助学生互评的过程对教学阶段有更全面的了解。

此外，值得强调的是，要在互评的过程中学着欣赏你的同学！同学们自小起便被灌输了太多关于“竞争”的思想，其优势在于通过一定刺激取得成功的暂时性动力，但劣性之处在于缺乏欣赏同伴的意识和勇气。而在“看得见风景的房间”里，我们希望构筑“互

相欣赏”先于“彼此竞争”的学习理念！正如笔者所带的小组内陈西漠同学所说：“欣赏了其他同学的作品，我感叹原来房间风景还可以这样理解，思路瞬间开阔了许多……设计的核心在于创造……就是要在合理规范的基础上，探索不同的角度，寻找不同的答案。”

基于过程观察的指导教师点评——过程的价值大于结果

本次教学训练主要在于通过过程式的训练提示方法和思维，而其内容的选择本身可以放在相对次要的地方。指导教师作为全程引导和参与的角色，具有“过程评价”的重要价值。就本课题而言，有必要探讨什么是“过程评价”。区别于复杂课题中对阶段性成果进行评价，这里强调对“过程”本身进行点评，其意义不在于区分高下，而在于反思、凝练、总结、提示，老师以观察者的身份，其评价范围涵盖对命题的理解深度、学习方法以及过程控制。针对这一命题，无论选择什么样的内容，本身并无高下之分，但在训练过程中所表现出的对场景的思考角度、理解深度、完成度等有高下之分。作为入门的第一次训练，同学们受制于表达手法有限，其最终成果很难尽善尽美，有一些过程中的深度思考和闪光点是无法通过成果体现的，老师应当及时进行闪光点的总结并予以鼓励。

基于成果视角的外部公开点评——用作品说话

建筑设计最终需要导向成果，并面对更加广泛的使用和评议，并且在绝大多数时候建筑师是无法与评价者解释的，能传递建筑师思想的只有作品本身，即使是初学者也必须清楚地知道这一点。从成果评价来讲，由于观者无法知晓完成的全过程，反而更加纯粹地聚焦于成果，我们鼓励采用交叉点评或者引入外请评委的模式以避免陷入自我陶醉的假象。

从成果的视角对场景进行过度的解析或者忍不住给出修改的建议本身可能是武断的，场景本身的来源取决于构建者个人的印象或者兴趣，场景内容的差异本身并不具有意义，作为成果评价者必须摒弃自身对于内容的喜好。因此在成果评价中，比较忌讳使用“你应当如何”的方式进行点评，取而代之的应该是对“为何这样做”的询问。视角的评价要点主要包含以下三方面。

其一，场景提炼的准确性，即场景设定及其空间化的过程合情合理，讲清楚为什么该场景令你印象深刻、室内外关系、空间布局、视线光线如何考量，基本尺度感是否准确。

其二，场景特征的叙事性。物化后的场景表达应当具有一定的自明性，通过要素的诱导暗示、特征的强化来表达作者所需要的内容，来传递场景的含义，以空间语汇取代语言文字。任何场景的构建本身具有一定的目标，最初的目标能够在最终的成果中被识别。无论是现实场景、文学作品中的场景还是印象中的场景，物化之后仍然需要能够在一定程度上传递作者最初的信息，并且能够带给旁观者一定的代入感。

其三，场景营造的完成度。作为第一个作业，完成度本身对于初学者具有挑战，它体现了同学对于整个过程的控制能力。

必须用分数衡量的局限——80 分任务书原则

作为课程训练，我们总归需要一套用于教学组织的任务书以及给学生一个最终的分数。学生习惯性认为分数能够在一定程度上代表自己本次训练的成效，这的确具有一定合理性，但也必须认识到任务书的局限性以及分数评判的局限性。不免有同学觉得困惑，对于同样满足了任务书要求的成果，为什么仍然有成绩的差异性？我们认为设计课程的任务书最多只能规定 80% 的基本性、共性的内容，不能也不应将启蒙类课程的任务书规定得过于刻板，故称为 80 分任务书原则，对于那些没有在任务书中规定的内容，只要不禁止，就可以尝试探讨。严格恪守任务书的学生在首次接受较为开放的评价体系时可能遇到挫败，这里或许有条隐秘的分界线。因此在设计启蒙中，学生在知大体明是非的基本前提下需要适当进行自主探索，实现自我突破。这里所说的探索不局限于对设计内容的探索，亦包括对视角、工具、材料、氛围等诸多方面的探索，在操作中明确体现意图即可。

05 教学实践案例：看得见风景的房间

“场景营造：看得见风景的房间”这一命题确立之后，我们在建筑基础教育中首先进行了实践探索。像是一群站在专业入门处的孩子们的畅想，似设计而非设计，尽管同学们的表达并不完善，但每一个场景中所表现出的情感触及他们自己的内心世界，而这份合理之前的合情，稚嫩却热情，感染了身边的同学和老师。虽然我们的最终目的是培养学生对于抽象思维的能力，但部分同学初次的场景营造表现出的是其对空间中具象事物的感知往往超过对空间的感知。这也实属正常，亦提示我们未来不断刻意进行抽象化训练的必要性。这大约就是大一新生该有的样子，浅尝几乎是肯定的，如何做到“不止”是关键。这里选取笔者在华中科技大学 2021–2022 年的部分教学实践案例进行解析，使读者对本书所提倡的场景思维有更深的了解。

教学实践的任务要求

下面是我们在教学中所使用的任务要点提示，以利读者更加清楚地了解本次教学探索过程。

课题定位： 完成从高中学习模式到设计类课程学习模式的过渡。

训练目的： 通过基于体验的场景营造达到空间意识唤醒和空间场景认知的目的，理解建筑服务于“被体验”的价值。

训练途径： 单一空间场景营造。

具体命题： 看得见风景的房间。

完成路径：

意象凝练——围绕曾经打动自己的、印象深刻的某个现实中的（或想象中的）带有窗景的场景进行描述、图解等表达，思考该场景为什么吸引你。

场景解析——对该场景中室内、室外所涉及的元素进行分析，提炼场景中的要素、空间特征及互动关系。首先关注场景中人的体验、场景的整体印象，其次关注物化的内容。

提示：由外而内的光线、由内而外的视线、房间尺度、空间界面为必须思考的内容！

物象转化——筛选并强化场景中的必要性信息，以模型的方式完成场景营造，并根据自己对于环境的设定，辅以外部示意性风景。

提示：着力点基于房间内部视角，本次场景营造不对房间的外观进行限定。

具体要求：

①三维形象化：

在 A2 底板上，设置一个可打开、可进入的单一空间（假想为某个房间）；

在盒子表面通过开设洞口实现内外联通（洞口的形式、数量、尺度、朝向、位置等根据场景设计自定）；

在盒子内部围绕洞口区域进行使用场景设定（自定义）；

在盒子外部设置服务于场景需求的景观（自定义）；

以人工光源或自然光源模拟盒子空间内光线的变化。

②二维形象化：

选择特定的视角，以摄影为手段完成场景从三维到二维的转换，室内视角为主视角。

教学实践案例展示

缱绻

◎ 场景描述

作品源自对一段网文中描写的场景的演绎。“湖边是雪白的沙子，上面还零星开了许多白色小花，乍一看好像雪地，湖不大，岸边的水位特别低，大约只到人小腿的位置。湖底也是白沙，再加上湖水清澈，里面那些游动的冰蓝色半透明小鱼就特别显眼。”这样一个空灵清澈的环境下滋生了一段美好的爱情故事，之所以印象深刻在很大程度上是情与景的相得益彰，以及文学作品留下了脑补的余地。因此，看得见风景的房间便不由得成为置于心中的美好想象。

◎ 教师点评

以曾经阅读过的一段小说文字为最初信息，因此风景的文字输出实际上很大程度依赖了原著。作者以此为基准，跨越至特征提炼环节，却发现外部景色的描绘较为清晰，内部空间则相对留白，需要依托原著中的整体氛围描述进行自我设定。因此，作品最终实际上是对作者脑海中自我设想的场景的表达，虽不是真实的建筑设计，但明显带有设计的冲动。对空间形式、尺度、材质、位置、人物形象等进行设定是空间化表现的关键。在完成过程中作者首先以单一材质的草模进行关系推敲，空间关系的塑造围绕着主人公对视的一幕。空间形式上，房间周边

模型制作 / 张琪瑶

以廊相绕，形成环廊与室外环境的过渡，而环廊于窗外转为汀步与室外水面上的驻足平台相接，平台采用与窗户相同的形式以映射彼此成为对方眼中的风景。其次对不同模型材料所表现出的质感进行对比。在完成了基本空间特征的凝练之后，选择以骨架支撑辅以宣纸的裱糊形成室内外界面，竹帘与宣纸精致搭配，从而用相对准确的表现方式实现了空间氛围的传达，在空间化的基本要求的基础上，增加了质感、光感等单一空间场景化塑造的要点。最后辅助性地添加了必要性陈设，以增强空间的丰富性和真实性，有利于以第三方叙事的视角表达对于“房间”的理解。整个完成过程中包括了具象、抽象、形象三种思维模式间的切换，作为建筑学一年级新生的第一个训练，难能可贵。

从过程的回顾来看，由于作者在不同阶段制作了不同比例的模型，最终表现中窗户的尺度的换算略微失衡，在近窗位置以第一人称视角进行观察时，月亮窗的限定感较弱，建议对窗户尺度进行适当缩小，以使尺度更加亲人，增强框景的效果。当然，如果我们仔细揣度，作者在意识到窗户比例略大之后，用帘子去遮挡不必要的信息，这本身是一个思考和调整的过程。此外，在最终效果的呈现中，坡屋顶部分的建造意识过于强烈，但对于本环节训练影响甚微。在老师的提示之下，该同学以简化的瓦楞纸再次制作素模，对尺度关系再次推敲，相比较之下，素模对于空间关系的表达更加清晰。整体而言，该同学通过草模、表现模型、素模三种方式对同一场景意象进行多次提炼和诠释，值得肯定！

峡湾风光

◎ 场景描述

“谈到风景，我的脑海里第一闪过的就是斯堪的纳维亚半岛的北欧风光。也许是纪录片中的镜头打动了我，也许是《孤独星球》里的画面和描述吸引了我，也许是地理课上北欧的区域地理给我留下深刻印象，总之，我对这个地方充满了想象和期待。在一间温暖的北欧小屋，透过窗，看峡湾，看极光，看雪山，看满是风情的小镇，感受童话般的梦幻和美好。”

——学生

◎ 教师点评

作者对峡湾风光的自述从“整洁、简约、宁静、自然、神秘”“带有一定梦幻色彩”到“我假想了自己在客厅的一幕”“虽然从未到访北欧，我借助了地理知识，从气候、光照等诸多信息试图理解北欧”“多积雪，应该以坡屋顶为主，气候寒冷，窗户不能太大，我希望能看到天空，所以将窗户进行了转折的调整”“但整体感受太冷了，所以我希望能够在房间的角落里点缀绿植和一些画作来调节房间的氛围”，作为指导教师此时就是聆听，聆听学生从容地讲述着内心的想法，然后帮助其场景化实现。

作者从未到过北欧，却在脑海中保持着对峡湾风光的向往，这种情形的确存在于我们的生活中，我们往往对于那些未得到的事物、未到访过的地方充满期许甚至念念不忘。完成过程中

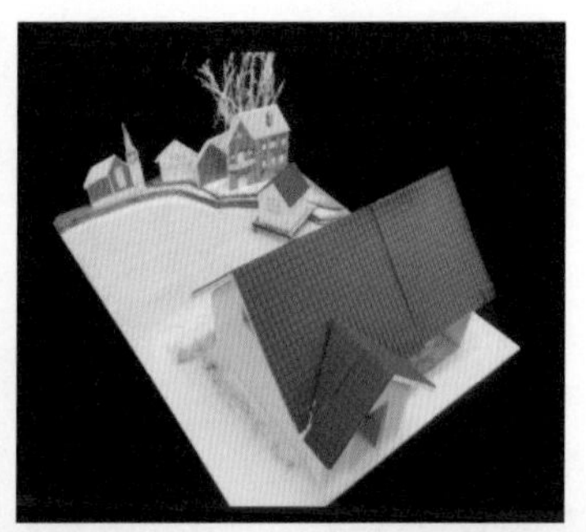

模型制作 / 陈西漠

由于作者缺乏实际的体验，更多的是以假想的角度为自己布置了一间北欧的小屋，具有一定的难度，表现出的是现实经验与脑中幻想的拼接。作者心中的风景是一个非常广阔的峡湾风光，属于大尺度的风景，而房间却是按 1 ： 20 的尺度浓缩于 A2 底板之上，表现方式本身具有一定难度。作者采取了景深的途径，近景做成小的、立体的，中景采用卡片式的过度，远景采用照片，以多个空间层次叠合的方式进行了表达。

在本次训练的过程中，该同学的完成步骤非常典型，最初朦胧的印象—意象凝练—语言描述—图示外显—理性解析—空间化提炼—三维场景还原—场景再度二维化—与最初的印象进行比较，训练过程非常完整！

一抹绿

◎ 场景描述

这是作者的书房，高三紧张地备战高考，妈妈为了帮其减压，特意布置了大量的绿色植物在窗外的阳台上，希望营造一个生机盎然的氛围。高考前居家学习带着些许茫然和焦虑。正是那一抹难忘的绿色陪伴作者走过那些日子，还有那绿色背后所隐藏的妈妈的关爱。所以，场景真的是有力量的！

◎ 教师点评

作者选择了真实生活中极为熟悉也最为暖心的场景进行表现，可操作性很强，相对而言这类场景复现的成分更多一些。有了初步设想后的难点在于对非常熟悉的场景的抽象和提炼。对于作者来说书房中的一切都是温馨和难忘的，其间发生过许多故事值得娓娓道来，但在场景营造再创造时，需要围绕具体的意向目标进行取舍和加工。

从书房内部向外看风景的大关系作者抓得很准，同时书房陈设的要素特征提炼和把握方面也比较简练有效。风景当然就是阳台上的绿意盎然的植物，作者从书桌旁抬起疲惫的双眼，透过敞开的落地移门欣赏着它们，既舒缓了心情又感受到妈妈默默支持的强大力量。在风景部分，作者采用细腻写实的表现方式，三层花架整齐码放的各种绿色植物明确提示了场景中重点区域所在。

模型制作 / 郑希盈

在室内场景塑造过程中，作者先让脑海呈放空状态，反向提示自己，作为高考生书房中什么是印象最深最为必需的陈设，然后在制作的白模中一点一点地小心添加。最终出现在场景中的室内陈设相较风景而言更为抽象。比如书架上贴的计划表和复习要点暗示着高强度学习的压力，墙上贴着自己手绘的地图传递出自己努力向目标大学迈进的决心。

从整个过程而言，每个环节作者都能按照既定训练要求完成任务，但是在最终整体场景的表现力和感染力方面稍显不足。在风景设定上比较直接和简单化，是否在视线方向上还有第二层次的中远景以烘托阳台上的绿意？另外，场景氛围的营造过多依托于室内陈设，而对建筑空间本身的意识略有欠缺，即使对于极为简洁的空间，也不应忽略限定空间要素本身的重要表现力，当然这是初学者非常常见的现象。

近乡情更怯

◎ 场景描述

作者离家求学，在第一次返回家乡的航班上，透过机舱的小窗口，以鸟瞰的视角眺望家乡的田野与河流。诗人李白曾感叹“九天开出一成都，万户千门入画图”，道出了成都的诗情画意、美丽宜居的天然禀赋。由于作者是第一次独自远行后归家，思乡之情随着航班的降落愈发浓烈。

◎ 教师点评

有关“乡愁”的空间叙事，往往以回忆的方式通过对家乡某个具体空间的塑造展开。然而，这个场景依托飞机的小窗口进行情绪表达，实现了这一主体去具象化、去直接化的创新表达，运用了隐喻的表达方式。作者以“机舱”为房间，以“俯视”为视角，对飞机穿越棉花式云朵的场景进行立体呈现，极大地扩展了空间场景的范围。通过吊挂的手段，使“房间”脱离与大地的关系，为“看得见风景的房间”这一命题提供了新的视角和表达手段。

场景选取飞机下降时能清晰看到家乡田园山川的那一时刻，瞬间定格的熟悉景致给作者带来了无比强烈的情感冲击，为了传达出这份情感，作者对广袤大地田园山川的模型制作倾注了大量的心力，满怀激情去选取、尝试最为形象的表达方式，效果令人惊喜，这应该就是对专业满怀兴趣的样子吧。由于飞机离地面还较远，景物尺度相对很小，作者在这方面把握合宜。

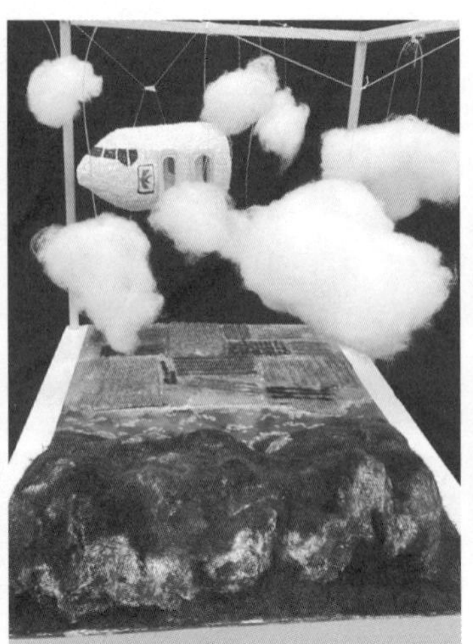

模型制作 / 杨安琪

透过快速移动“房间”的“舷窗”看到的“风景”也随之变换，但不变的是离家越来越近的激动心情。

在初步意向萌发时，作者用一架随手折叠的纸飞机来概念性表达空间关系。随后，当构想的轮廓逐渐清晰之后，该用何种方式去呈现“房间”成为难点，作者巧妙地截取飞机前两排座位的片段，而不是做出整架飞机，这样一个另类的“房间”更能相对突出“我”的视点。

本作品从场景营造的选材角度来看足够新颖、思路开阔，严格按照训练环节逐步推敲，整体达到了很好的叙事效果。只是在机舱场景设置上稍显简单，和作者浓烈的情感表达不太匹配，可以适当增加一些细节，比如提炼出某些表达“我”思乡心切的个性化陈设等。

片刻的狂欢

◎ 场景描述

在高三备考冲刺阶段，大家争分夺秒埋头苦读，紧张和压力充斥在教室的每一个角落。一个平常的下午，窗外偶然飘过火烧云，为苦苦求索的学子们点燃一捧心火，进而在教室里引发片刻的狂欢。此场景令作者印象深刻，并深深怀念，以此作品纪念为了梦想奋斗，并能为一丝细微快乐而点燃激情的高三生活。

◎ 教师点评

作者用空间的方式还原了记忆中的一个插曲，场景从室内氛围刻画到室外火烧云的表达准确而生动。群相的场景刻画是具有一定难度的，但是本作品完成度很高。场景中景观部分布置得非常生动，例如天光和云霞的二次处理十分巧妙，使得室内压抑紧张的氛围和室外充满光明和希望的气氛形成强烈对比，令人激动。教室内的细节处理围绕压抑紧张的氛围展开：励志条幅、倒计时牌、满满当当的黑板……同学们因美景而激动地冲向窗边的动态场景除了用剪影式人物姿势，还隐含在细节处理之中：靠近窗边的人、翻倒的椅子、被撞得歪斜的桌子。场景暗含了作者对于时间维度的思考，转瞬即逝的火烧云与人物的反应均属于动态要素，提升了场景的时空叙事性。值得一提的是随着时间的流逝，对记忆的呈现是一个被主观再筛选、再提炼的过程，因此作品更多的是一种营造过程而非复现。整体而言，作品达到了场景营造的训练要求！

模型制作 / 王怡然

星空下的宿营地

◎ 场景描述

作者全家人前往呼伦贝尔大草原享受旅行的乐趣，宿营在类似蒙古包的帐篷中，与日常都市生活形成巨大反差。夜幕低垂，在广袤的星空与草原间的自己显得渺小至斯，帐篷与草原也融为一体。繁星点点的夜空下，融融的篝火旁，一家人依偎在一起的场景成为作者上大学前珍贵的记忆，家人相伴随处心安！

◎ 教师点评

自然环境下临时性的独立空间，如珍珠般散落在青青草原上，突破了对“房间”的常规理解。虽非永久性建筑，但其围合包裹的空间特征符合房间的特性。作者在空间形式的塑造上采用现代简约造型手法，三角形折板拼接围合成球体空间。又在不同的高度和位置上开设大大小小的窗，白天可在空间内自由眺望远处的河流与羊群，夜晚打开天窗能观赏繁星点点，透过折板缝隙，跳跃明亮的篝火也隐隐可见，让人感觉温暖而浪漫。模型着重表现了夜景中篝火与繁星，十分引人注目，代入感强，让观者能明确感受到作者与家人为伴时的愉快平和心境。内部场景中，以相机、行李箱、气垫床等仅有的设施表现出人在旅途的特征，简约而有效。通过星空下的宿营地这一作品，可以再次体会“看得见风景的房间”这样一个命题的自由度，只要场景包含了人、故事、空间、视线等一系列关键信息，无论是坚固耐久的房屋还是临时性的帐篷，对于思维训练都能发挥同等效用。

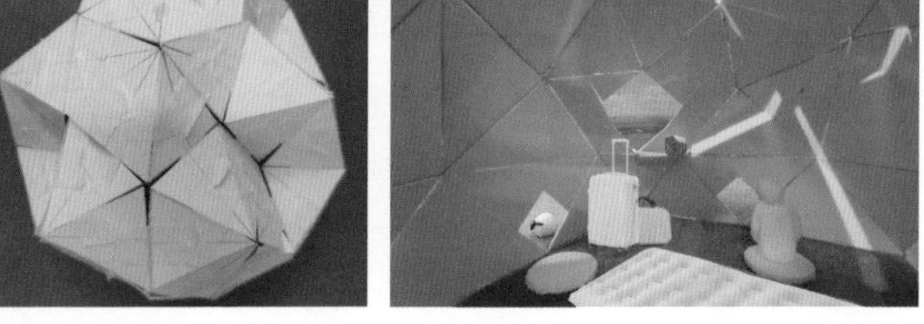

模型制作 / 邱萌语

洱海印月

◎ 场景描述

作者的家乡在云南大理，在听到“看得见风景的房间”之时莫名起了思乡之情，想起了家乡的空间，想起了家乡的月亮。场景对云南大理白族民居中的要素进行提炼，融入了当地的风土人情和民俗文化，营造出在风景秀美的苍山之畔、洱海之滨的白族人民的生活情境。

◎ 教师点评

家乡的印记对于每个人都是深刻的，这种记忆不可磨灭。该同学有强烈的愿望要把脑海中家乡的美景通过模型的方式介绍给同学们，因此在整个设计过程中充满了创作热情，进行了多种的尝试。白族民居的建筑范式，以“坊”为基本建筑单元，若干“坊”相组合，形成大大小小的相连的院落，“一正两耳”“两房一耳”“三坊一照壁”“四合五开井”等模式为人们所熟知。白族民居崇尚白色，并喜好运用艺术装饰。民居建筑大多讲究就地取材，白族民居以使用当地的石材为典型特征。因此，在作者所描述的印象中，“洱海 + 院落 + 白墙 + 装饰 + 石材”构成了她对场景的理解。

在训练中，作者完成了从语言叙事到空间特征提炼的练习，但对于特征的理解过于具象和符号化。空间化的过程中，模型细节依照一条多层级的视觉引导轴来展开，空间层次丰富、焦

模型制作 / 禹萌萌

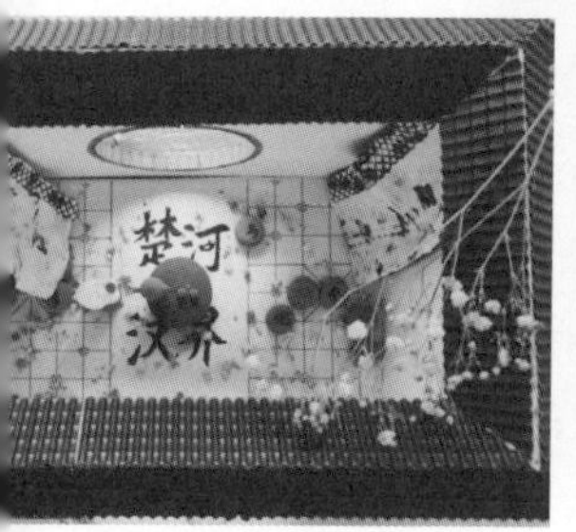

点突出，情感细腻生动。这份作品中对于命题中有关光线的讨论，集中于月光，拓展了绝大部分作品对于日光和灯光的解析。为了表达家乡月亮的真切以及洱海月影的动人，作者进行了各种手法的尝试，从最初的加法到最后的减法，在背景板上以洞口的方式处理，灯光从洞口进入仿佛月光从天空洒下来，终于找到了令自己满意的一幕，这份对于场景效果的执着追求弥足珍贵！

本次课题限定为“房间”，且为单一空间，但作者节选了白族民居复杂序列空间中的一个院落进行营造，使得作品内部空间的限定较为薄弱，室内空间层次有所欠缺。此外，作者期望表现的要素过多，构思之初想把大理有名的“风”“花”“雪”“月”尽数表达，存在片段截取拼接的痕迹明显，后期虽有减法意识，但呈现在成果模型中还远远不够。较多元素糅杂于场景之内反而会影响最终的呈现效果，事实上在草模推敲过程中白模的表现更加纯粹。在陈设的添置中，具体事物的尺度仍须进一步推敲。建议在后续课题思考中对设计本身的主线加强梳理，删去多余操作，同时把关注点放在进一步探索视线及光线设计的丰富性上，使场景的空间氛围进一步提升。该同学的表达方式在初学阶段极为典型，即以直接和具体的手段进行符号化的表达。在场景营造当中，我们拒绝对建筑本体进行过度的装饰化处理，但是在沉默的建筑中，装饰本身并没有错，尤其在初学阶段。

秋染的老屋

◎ 场景描述

正值秋季，傍晚余晖不请自来地洒进屋内。小女孩听到了外边的嬉闹声，便从里屋走向中堂，看到了一地的阳光，踏向屋外，便看到了在面前捡拾叶子、蹦跳玩闹的小孩子们。开门即风景，出门即自然，这种亲近大自然的美令人记忆犹新。轻推那吱呀作响的木门，撞了满怀的笑语，惹了满眼的缤纷。孩子们叽叽喳喳地捡着泛黄的树叶，笑得那么纯粹，这样的风景何其难得。

◎ 教师点评

场景在表现手法上没有任何华丽的装饰，但足够动人！风景其实就在每个人身边，藏在不经意的生活中。作者选取了这样一个“其貌不扬”的主题，却能在最终模型的场景空间中形成很强的感染力，其实恰恰体现了其敏锐细腻的感知能力，这在初学者中并不多见。作者在草模推敲阶段就采用棕黄纸板这种单一材料进行表达，经过回忆场景中要素的特征和自我追问，谨慎地确定哪些细节是必须保留的，其他次重要的部分果断抛弃。一个检验场景中要素是否合理的途径，便是尝试拿掉这个要素，看看场景要表达的信息是否仍然完整。直至思考正模表达方式时，作者豁然发现采用棕黄纸板已然非常契合老屋的主题，同时抹去了色彩、材质等因素干扰反而更能凸显细节处理的深度。于是，作者继续选用棕黄纸板表达老屋的整体氛围，不大均衡的檩条、简易的过梁、从里屋引出的电线连着悬挂的灯泡、撕了一半的日历……寥寥几笔，便勾勒出了极具场景感的老屋印象，相当精准。钱锺书说，“有了门，我们可以出去；有了窗，我们可以不必出去”。作者以连续转折的门洞塑造了空间的层次，里屋—中堂—屋外，三者之间通过小女孩位移的变化得以连通，视线随着行走的路径得以动态变化，最后定格在门前的刹那。以门框取景，以门扇调节可视的范围，呈现随时可以穿越并走进风景当中的态势。在细节中，若能够加一个门槛，则让室内外的界限更加清晰，亦让小女孩迈出屋门的动作更加形象。

模型制作 / 陈晴晴

窗外的灯塔

◎ 场景描述

“家是我们最熟悉的地方，窗外的风景是以前每天都能看到的景色，离家之后非常想念！还记得小时候，从我家客厅的窗户望向外面时，便能看到远方高耸的山上有一明亮的灯塔。每当我有烦恼时，便会跑到客厅，透过窗户遥望它，它就像生活中的灯，时时为我照亮前方的路。时光飞逝，我家前面建了一座又一座的高楼，遮挡了那座本就若隐若现的灯塔，那段每天看灯塔的日子也渐渐封存于我的回忆里。”——学生

◎ 教师点评

以自己家窗外的风景为题材，这是许多同学采用的主题，此类作品往往都寄托了作者浓浓的感情，促使其创作出鲜活生动而细腻温馨的场景。在本作品中更加能感受到作者力求把空间的温馨氛围做到极致的追求，所有的细节都是经过思考推敲后的呈现。作者理解课题的角度准确，从最初的想法形成到推进再到制作完成，都严谨地按教学环节进行，并有一定的思考深度。

对窗内外关系的思考，并不是停留在静态层面，而是以生活在家中的“我”的日常生活视角去多角度感受窗景。学习了一整天的“我”傍晚走进家门，透过玄关的缝隙看到窗外灯塔的微光，疲累之感一扫而空。冬日午后，温暖阳光洒在窗台上，“我”窝在吊椅里遥望着青山之巅的白色灯塔，

模型制作 / 刘昕岚

窗框就如画框一般让美景入画。更多的时候“我”坐在窗前的书桌旁看书，不时地抬头，窗外青山灯塔一览无余，透过大片窗玻璃仿佛置身于美景之中。作品通过一系列日常故事发生的场景去塑造室内外空间的关系。

在草模推敲阶段，作者按照之前多角度多时段的叙事方式，对室内必要的陈设进行取舍。随后在正式模型表达方面，作者也有较多的尝试和思考。为了凸显家的温馨感觉，室内色彩搭配统一为浅咖色的主色调。室内不同的家具陈设种类虽多，但材质选用恰当，手作细致，都能起到较好的增色作用，令人感觉这个家很舒服，想坐下来看看书或看看电视，悠闲地度过一个下午。如此，这个室内氛围的效果就营造出来了。

作者在示意性造景时也曾遇到过一个小难题，山景如果用单薄的卡纸板来做容易让人“出戏”，一时找不到合适的替代品，后来突然发现桌边的咖啡杯垫不错，拿来做底座，上面铺上草粉，和房屋匹配的山景就成了。好多学生在发掘各种模型材料的过程中兴致盎然。从这里不难看出，在模型表达方面并不存在定式，如何才能出效果需要同学们多加思考和尝试。

本作品整体设计完成度较好，稍有遗憾的是对电视背景墙光线的处理有点多余，并不能对窗景或室内空间塑造产生多大帮助，反而让人感觉手法琐碎，削弱了主景窗的效果。

初雪

◎ 场景描述

“某个冬天的清晨，我拉开窗帘惊奇地发现雪铺满了整个院子，这是我第一次看到雪，它轻盈纯白。这种能长时间在南方地区留存的雪景非常难得。薄薄的白雪，光秃秃的枝丫间还留有残雪，白色低矮的栅栏围合的小院，组成冬日里难得一见的美景。刹那间，屋外的惊喜与室内的温暖让我产生了强烈的幸福感。”——学生

◎ 教师点评

作品以冬日家中观雪为主题进行营造，以雪的清冷衬托房间内的温馨，落地窗薄薄的玻璃分隔出两个世界，然而欣赏美景却毫无阻隔。场景形象化过程中所抓取的材质运用恰当，具有很强的代入感。

场景营造的完成过程是围绕作者的设定逐渐展开的，首先准确明晰了场景中的关键要素：卧室、落地窗、雪。但由于雪地过于扁平化，不利于二维形象化中对冬日的表达，通过一棵枯树进行了强化，雪景具有了层次和立体感。从人在室内的感受来讲，“温暖”该如何体现？作者在对白模分析的基础上选择了木和布进行质感的提示，用木纹纸模拟木地板、木床，墙面铺设麻质墙布，云朵般的米色床垫，布艺窗帘和沙发……整体色调和谐统一，细节层次显现在微小的色差之间，室内唯一

的跳色就是郁郁葱葱的观赏绿植，与窗外的枯枝形成对比，从另一方面暗示了室内的温暖舒适，这些要素共同烘托出温暖柔软的感受。在室外景色的营造中，绿色草地上覆盖了白色的雪，并适当微微透出底层的草色，准确实现了同学心中南方地区薄雪的表达。

从室内外关系的角度，大面积的落地窗实现了视线的互通，窗户的分格线提示了玻璃移门的存在，场景为作者躺在床上看雪景、坐在窗边地板上以及推门而出走进雪中提供了多元的可能性。整体而言，场景源自生活体验，空间设定较为合理，场景中出现的元素都带有明确的指向性，具有较强的提炼概括能力。

模型制作 / 龙娅霏

心栖处

◎ 场景描述

故事“最后一片叶子”留给作者深刻的印象，作者受此启发，希望通过营造一个充满生命力的房间带给人们信心。这里并没有选择去还原故事，而是在启发下创造了一个欣欣向荣的房间，希望能够以场景的温暖帮助他人战胜寒冷和失落，提供心的栖息地。

◎ 教师点评

“窗外的风景”是有力量的，于是作者畅想了一个能常年看见优美自然景致的小屋，周围有大片连绵起伏的山丘，青草如绿毯，色彩缤纷的小野花点缀其间，远处大森林层层叠叠没入群山深处，透过宽大的落地玻璃窗每天能看到如此风景在朝霞日暮、风霜晴雨之间的变幻。有了初步想法后的提炼过程中，作者重点关注了房间内部陈设与主题的一致性，成果模型中田园风格的室内陈设很好地契合了作者预设的欣欣向荣。比如，格子纹样的布艺色调轻浅雅致，暗含英伦风的影子；亚麻质感的小碎花窗帘仿佛是窗外风景的延续及过渡；墙上挂有以自然花卉为题材的装饰画，风格协调统一。室内布置了多种藤本及观赏植物，强烈表达出自然而富有生机的氛围，让人感受到一种悠闲舒畅、生机勃勃的田园生活情趣。中景通过模型材料色彩渐变加强景深感，远景森林部分用实景照片替代，作品场景非常完整，房间内外形成了较好的合力。

模型制作 / 沈天奕

驿站书吧

◎ 场景描述

书吧场景的选取是对风景含义的拓展，从书吧不仅能看见窗外的风景，也能看见古今中外甚至未来的无边光景。城市化发展车轮滚滚前进，高楼林立让人不知归处，高窗之外车水马龙的街道与书吧内安静阅读的氛围形成鲜明对比，即在喧嚣的城市中，这间街角的小书吧仿佛是能让人们栖息片刻的心灵驿站。书梯利用了房间原本的坡度，书梯顶部设有落地窗与观景台，方便观赏繁华的街景。

◎ 教师点评

从抽象理念到形象转化的过程，显示出作者具有较强的抓取特征的能力，从而使得空间场景具有较好的自明性，无需过多的言语解释。作者将室内陈设与空间形式进行整体化处理，楼梯状的藏书梯与房间外部倾斜的角度契合，是我们在场景营造中鼓励的方式。

从室内空间看方向性极强，场景意在引导观者拾级而上去一览高处窗外的风景，视线指向的窗景因观者位置的变化而逐渐放大，最终繁华的街景尽收眼底，犹如话剧一幕幕展开走向高潮。也可以选择处于高高的书架环绕之中，隔绝了喧嚣，偶尔抬头从侧窗中看到一丝绿意。

室内外关系的处理，除了视线上的联系，书梯下方的空间

恰好容纳了街边等候的区域，配以路灯这一典型的街景要素进一步提示房间的周边环境。书吧里的人站在窗前观景，在其正下方，路人坐于街边长椅观赏着同样的街景，两者形成一个奇妙的空间关联。

在场景营造的过程中，具象事物的出现应当具有提示某个关键信息的作用，必须十分准确，否则将适得其反，不当的具象事物将分散注意力，并削弱场景原本要表达的内容。

模型制作 / 曾宁怡

四季变迁

◎ 场景描述

这并非一幕场景，高考结束的瞬间，作者眼前浮现出过往十二载求学的历程，因此作品是极为复杂的心情状况下呈现的集合体。“时间总是静静向前流淌着，如同蜿蜒的光路般，引向明亮或昏黄的日子。日复一日，在春夏秋冬的轮转之中透过自己的窗，遇见一些人，经历一些事，待天色渐暗，岁月无疾而终时，纵使烧灯续昼，也唤不回过往。四季轮转，人事来往，一期一会，世当珍惜。”——学生

◎ 教师点评

建筑是有关空间的艺术，不等同于将其他类型的艺术直接赋予建筑。作者在空间场景的表现中增加了时间维度的思考，甚至期望以空间表现时间，空间至少可以片刻静止，而时间的连续动态特征极难通过模型手段体现。

作品希望通过建筑内墙面装饰画来提示“春夏秋冬”四季场景的不同，以象征时间的流逝。虽然四季景致画得细腻动人，但所表达的“春夏秋冬”四个场景从建筑空间的角度而言并无差别，对于不同场景进行空间蒙太奇拼合的做法使画作看起来更像是一副立体的画作。试图将过多的东西整合进一个场景的意识虽好，但所选择的将绘画附着于建筑的空间处理手法颇具争议，其所营造的结果更贴近于“刻意来这个房间里看四季风

模型制作 / 许文星

景”，属于类似话剧的布景的手法。

作品本身非常有趣，然而就本次课程训练而言，作品的问题在于对命题中“印象深刻的场景”的理解略有偏差，作者印象深刻的是高考完一刹那的“心情”，而非“场景”，在此建筑实体沦为了表达“心情”的空间艺术，略微偏离了基于空间体验进行场景营造的训练设定，在作品当中建筑学学科关注的空间信息在一定程度上也被画作抑制了。同时，作者对外部“风景”的处理与建筑内部的四季风格一一对应，于是在建筑所处大的背景环境中出现了四季并存的状态，换言之，这是一个臆想的场景，其本身作为作品的展示意义超过了空间体验的价值。建议该同学可以尝试对这个“集合体”进行再次凝练，选取“最”深刻的一幕，结合体验着力于对空间场景本身进行思考。

当然，从作者对于场景本身的简介描述来看，这份对于生活较为敏感的态度非常珍贵，在一定程度上体现了“建筑学最终是创造生活的”这一理念。

人间烟火

◎ 场景描述

“独自在家，霓虹初上，别家灯火璀璨，而我却在好似具有抽离感和茫然感的晚风中放空自己。昏暗的灯下，一个人孤独地坐在飘窗附近，无意间瞥见窗外另一户人家的烟火气息和幸福生活。那一刻，别人家飘着香气的饭菜、朦胧的身影甚至灶台边的锅碗瓢盆都成了我眼中的风景，一边倍感羡慕，一边孤独感油然而生。”——学生

◎ 教师点评

作者以他人温馨的日常生活为景色，关注点独特，为“风景”的含义增添了社会属性，两个空间之间因视线的触及形成了彼此的关联。作者在整个场景的户外环境中未置入任何元素，城市中户外元素不是没有而是相当繁杂，在此，作者分析后得出环境元素与表达的主题无关，因而进行了抽象与省去。并且以黑色处理房间的外观，尤显孤独；反之，对面人家橘黄色的灯光映照出温馨幸福的氛围，这里的反差非常强烈。在场景营造的手法方面，作者以简洁明了的方式表达室内环境。相反，以更加形象化的方式处理风景中的人间烟火，进一步形成二者的强化对比。正是如此干净简洁、意向明确的对比处理，使得整个场景令人印象深刻。

建议作者对于主空间内陈设的尺度进行更加准确的推敲。窗作为空间的界面，在设计中不仅要考虑通透，也要考虑遮藏，

因此综合性命题的完成过程中不可太过肆意，建议作者对空间界面的通透性问题进行辩证的思考。当然，对于建筑学一年级新生来讲，能够将生活视作风景的提案已经很是难得。该作品对于本次教学来讲呈现了“风景”的典型性拓展，即风景不局限于自然风景，“看得见风景的房间”这一命题放在不同的语境下去讨论会产生更加丰富的结果。

模型制作 / 孔俊乔

半日闲

◎ 场景描述

炎热夏日，令人焦躁不安。也许是为了让自己清静，也许是为了蹭冷气，作者推门而入一家饮料店，静坐在吧台前，看着石板路上人来人往，把冰块搅动得叮当作响，突然体会了街巷凌乱而有秩序的美。夏日燥热的阳光透过格栅窗洒落在皮肤上已不再炽热，恰只留下光与影的静谧。那个午后独特的记忆里，作者坐在窗前与自己来了一场无声的对话，关于那些忙碌而迷茫的假期生活，关于选择时的举棋不定和对未来的期待……直至夜幕笼罩，华灯初上，变成了另一番景象。在紧张的学习生涯中，半日的松弛和慢时光深深的印在了作者的记忆中。

◎ 教师点评

作者空间化表现了难得的半日休闲，在叙述的过程中，时间、场所、环境、天气、人物、心情等一一道来。这是水乡古镇小河边一间小小的饮品店，静坐于店内看到的“风景”是乱中有序的粉墙黛瓦，是悠闲漫步于青石板路上的人们，而反过来看，坐在饮品店里的“我”也可能成为对方眼中的风景。在此作品中各类信息传达非常丰富。其中，空间、光线、视线、陈设是空间化过程中的关键，窗前的吧台、高脚的凳子、饮品的制作台，寥寥几件便勾勒出了饮品店的整体氛围，不拖泥带水，没有任何多余。场景以空间感的表达为主要目标，仅有的细部聚焦在窗户的格栅，细腻有层次的窗格栅让人不

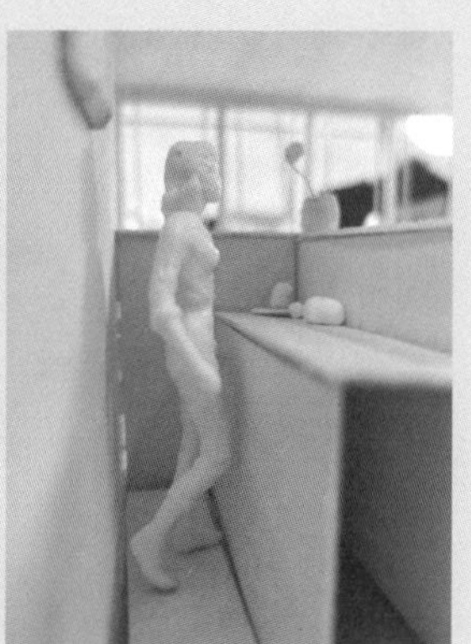

模型制作 / 陈 也

由自主地将视线看向窗所在的区域，体现出作者较好的提炼能力。在尺度的推敲中，饮品制作台后方的空间尺度显得过于逼仄，建议稍做调整。场景中切换了多种视角，模拟了整体的场景、近窗的视角、他者的视角等，这种多角度的探究有助于提升对场景整体空间感的把控能力。

退怡园

◎ 场景描述

江南有园，退而思之。若言怡然，茶室为最。茶室与室外的园中小景，室内外以木栅栏镂空的界面隔而不绝，引风入，流水出。静坐蒲团上、茶几前，将滤茶的水倾出，顺茶几的水槽流入园中小池，飘起丝丝茶香，而这香气又被缕缕清风揽入室中，扑得满怀。一时间，园中室内，尽是茶味，主人兴而曰："好风讨人醉，欠它两碗钱。"

◎ 教师点评

作者希望营造出具有传统禅意氛围的品茶空间场景，从正式模型成果来看较好地实现了设定意向，整体的完成度很高，这是本作品较为突出的特点，无论是室内怡然静谧氛围的呈现，还是室外园林自然野趣的烘托，都非常细腻准确。在建筑内部空间处理上，作者展现出准确的提炼抽象能力，直接抛去古典园林各种装饰细节，仅采用简洁的竖向格栅及木板门形成对比，在光影变幻之下形成丰富而微妙的空间效果。室内的家具陈设风格统一，尺度准确，古朴而有巧思。在园景制作时作者进行了多种尝试，尽力追求一种古意的韵味，石缝中冒出的青苔、岸边潮湿肥沃的褐色泥土……作品中出现了一些随意分割的小片水体和若干小桥，许多的处理方式的确呈现出令人惊喜的效果，但就园林部分的处理手法而言略显烦琐，让造景目的变得不那么明确，得其形而未必得其意，不过作为建筑学新生已十分难得。

模型制作 / 王熙斯

06 场景思维在建筑设计初步课程中的贯穿

华中科技大学建筑设计初步课程经过多年的积累和教改形成了认知启蒙和设计启蒙两大系列，这里对教学内容进行简单梳理，以使读者更加清晰地了解“场景营造”在课程中的定位和场景思维的一以贯之。

认知启蒙系列

认知启蒙系列共包括四个版块，串联了城市 / 观察、场景 / 营造、体验 / 尺度、现场 / 使用等关键信息，主要解决认知问题。本书所倡导的“场景化”思维贯穿各个版块，这一点从课题名称中可窥见一斑，即在每个命题中均涉及人、物、环境及其之间的关系，从启蒙之初便将建筑放在更大的系统当中去探讨，侧重点各有不同。认知启蒙系列具体版块如下。

0. 城市 / 观察——微信家书

在进入正式的训练之前，对城市印象进行宏观的感知，并尝试以图示化的方式解读和传递。

任务要求为：基于进入大学之后的校园印象或武汉印象，以图示语言的方式完成一封微信家书，向家人、朋友传达来到一个陌生环境后的感悟。这一环节虽然周期短（1.5 周），但对于构建初步的认知架构十分重要。在 2021、2022 两个年度由于封校管理，同学们的武汉印象实地考察被迫缩小范围至校园印象，但其从宏观视角看待身边环境的训练目的是一以贯之的。

城市观察环节的主要目的包括以更加宽广的视野开启建筑学的学习：在开始正式进入建筑学专业学习之前，在一个相对放松的状态下、以更广阔的视野去观察和感悟所处的环境，去领悟建筑作为整体的、生动的场景中的要素，领悟建筑与其内外的各种关联，有相应的提示，但并没有非常具体的限定性的要求。学生以貌似漫无目的的感性的方式去体验身边的环境，将其所领悟到的内容以图示、图像语言的方式进行概括。微信家书的任务旨在提示学生进行从无意识的或者漠视的状态转入刻意的、敏锐的观察状态的专业训练。

从无意识体验到专业认知：学生对于环境的感知绝非空白，对事物的表达习惯和能力也不相同，而这些或许从未有人从专业的角度提醒过他们。热身训练并非要直接讲授某个知识点，而是通过版块划分、六感体验等专业引导唤醒学生内在的意识和潜力。在观察体验的提示中，我们参照凯文·林奇在《城市意象》中指出的城市五要素（道路，结点，区域，边界，标志）进行提示，并增补了室内空间这一项，同学们可以逐项对所体验的内容进行全面表达，亦可以选择其中的部分内容进行重点表达。

从追求答案到发现身边：敏锐观察是同学们在中学阶段比较忽

视的，甚至于“不习惯”把目光从书本移开去留意看看身边发生了什么，而这个环节恰恰是引导学生去观察，强调作为观察者主体的独特体验。在城市观察环节，同学们不再像中学那样找答案，关注点变为身边的真实生活，尝试理解建筑学的真实性。同学们从“聆听”的学习模式转变为具身体验、参与讨论、集体总结、互相学习等大学教育模式；尽管可能非常粗浅，但正是通过这样一个短暂的环节提示学生尽快跨越学习模式的障碍。那么是不是每个人获取的体验结果也一样呢？可以预见的是，学生因思维模式、兴趣点等不同，所领悟到的内容一定非常多元，教学当中的小组讨论和总结发挥着极其重要的作用。这是学生入学之后以图为媒介的第一堂讨论课，区别于常规意义上的“评图”，课堂重在总结、概括、引导，而非对于其成果水准的“点评”。从历届学生的表现来看，几乎每位同学都能带来新鲜的东西以丰富小组的认知！

不计成绩的自我认知：这一训练环节之所以不计成绩是为了彻底消解追求答案的解题模式，在为期一周的热身训练当中，没有具体限定的表达方式，因此学生们所选择的、所呈现的是他们真实的认知水平、思维能力和表达习惯。对于初入大学的同学来讲，对同一个陌生校园的感知以迥然的风格输出，带有极强的个性特征，折射出的是对于身边世界认知方式和自身思维模式的差异。

此外，微信家书也是一次隐形的测试，输出的结果虽然并不重要，但是我们希望通过这样一个环节让大家看到相互的差异性，在对比中了解自我，以利于突破自身的定势。我们以下面几种模式为例说明这种多元性，也可以清晰地看到学生并非同质化的白纸，他们有着鲜明的特征和差异，老师和学生均必须意识到这些思维特征差异及其优势，同时学生还须了解和学习自己相对陌生的思维模式，通过课程训练，尝试完成在多种思维模式之间切换。基于这样的差异，我们提出在统一给予之前，启蒙教育需要从学生出发，教学命题应当具有包容性。下面进行简要说明。

（1）语言叙事

同学们心中的感悟其实是很丰富细腻的，但对于初学者来说苦于手段、技法跟不上需求，一些所思所想没办法用图示语言有效传递信息，因此只能用大段文字叙述来表达见闻和心情，学生们经过多年的语文训练，呈现事物状态最擅长的方式就是写作，他们习惯于把看到的美景、趣事、脑海中的无限遐想用生动形象的辞藻传达，许多同学自觉不自觉地继续沿用了“手抄报”方式。

（2）场景片段

部分同学非常善于捕捉动人的场景片段且具有一定的美术功底，在看到任务书中“图示语言”的提示后，表现为形象的图画，即将自己印象深刻的内容直接以图画的方式进行记录，具有一定的叙事性和场景感，感性成分比较重，但也仅限于记叙，表现为“漫画”方式，相对忽略了事物的全貌以及理性的解读。

（3）具象节点

有些同学脑海中有粗线条的校园整体构架，同时也在一定程度上有空间尺度的感知，比如用骑行或步行时间来丈量校园的大空间尺度。一个个印象深刻、具代表性的场景节点会自动在其脑海中织成一张大关系网。这类作品是以校园的道路网或自己学习生活的行动轨迹为依托，再辅以一个个有趣的分镜头小图来呈现印象深刻的节点。这类作品在思维方式上兼具抽象关系和具象形貌两个层次的思考，看问题从总体入手，再分层介绍，相对比较全面。

（4）抽象关系

这类作品类似于中学生们常常画的知识结构脑图，各个节点的相互关联表达得十分清晰，也会用一些手段表达不同节点的分类，以及在自己心目中的重要程度。能够以抽象思维方式看待事物，抓住事物的内在组织关系并加以呈现，使观者能较轻松地获取事物全貌信息，关系清晰而有逻辑性，甚至有些表达得过于理性，与城市观察教学环节所设定的“理解真实而生动的城市”较为疏离。可能有些读者会倾向于认为这可能是由于这类学生不擅长画画而不得不以抽象的画法替代，但为什么没有选择文字、拼贴等方式呢？因此，归根结底，还是看待事物的视角和思维不同。

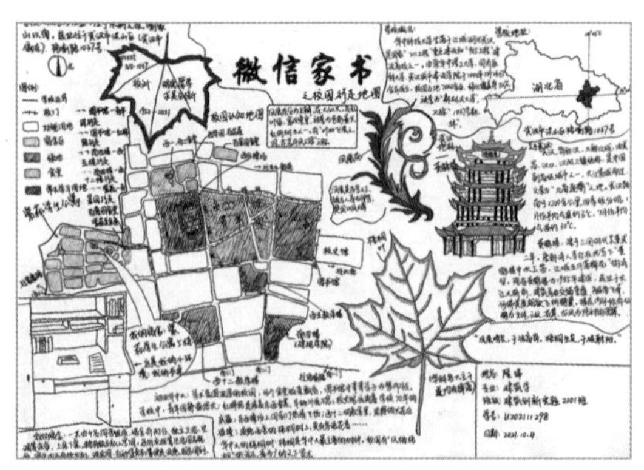
微信家书
湖北省

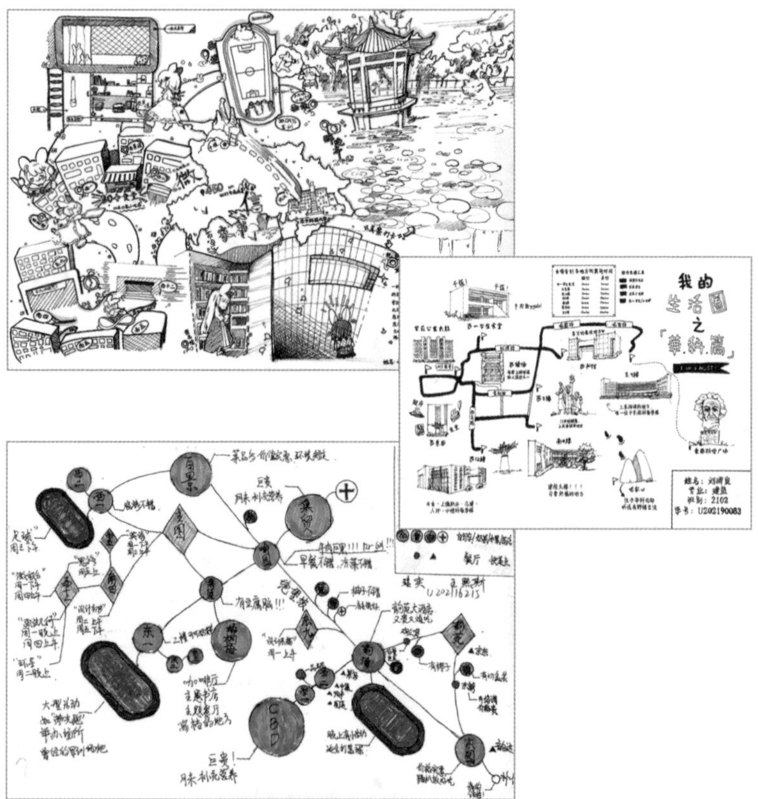
我的
生活圈
之

1. 场景 / 营造——看得见风景的房间

以“看得见风景的房间”为主题的场景营造作为同学们的第一个正式训练，场景营造的训练基于每位同学过往印象的情景迁移或者基于想象的场景表现，对既有体验深度解析达到唤醒的目的，起于“自我”，落于“场景”，主要对应于意识唤醒和认知拓展，并在一定程度上兼顾思维训练和设计启蒙。前文已有大量篇幅的介绍，这里不再赘述。

2. 体验 / 尺度——基于现场体验的空间测绘

在完成场景营造的时候，同学们基于的是既有的印象，在老师的提示下有尺度的意识，但难以再次进行尺度与当时情景的校准。例如，当时那个打动你的空间场景，具体尺寸是多少？窗户到底多大，是什么形状的？位置如何描述？场景中家具的尺寸是多少？那些素色的模型代表哪些材质？窗外的那棵树距离窗户多远？远景中那个缥缈的图像实际上距离窗户多远？类似这些问题，只能以推理的方式来基本确定。本阶段，我们围绕体验和尺度两个关键词展开。这一命题是在传统建筑测绘的基础上演化而来的，具体可概括为“基于身体尺度的现场体验”和“基于工具测量的尺度校准”。建筑测绘的侧重点在于物本身，而本课题强调首先基于身体尺度在现场进行感知，不借助任何测量工具，建立身体与空间尺度的关系，在完成这一步骤之后再去通过测量进行校准，建立“尺度感—尺度”之间的关系。在思维训练层面，本阶段注重空间思维能力的提升，强化三维现实空间与二维图纸间的转换（现场测绘）、二维图纸与三维模型空间的转换（模型制作）、现实空间与模型空间之间的转换（比例对照）。

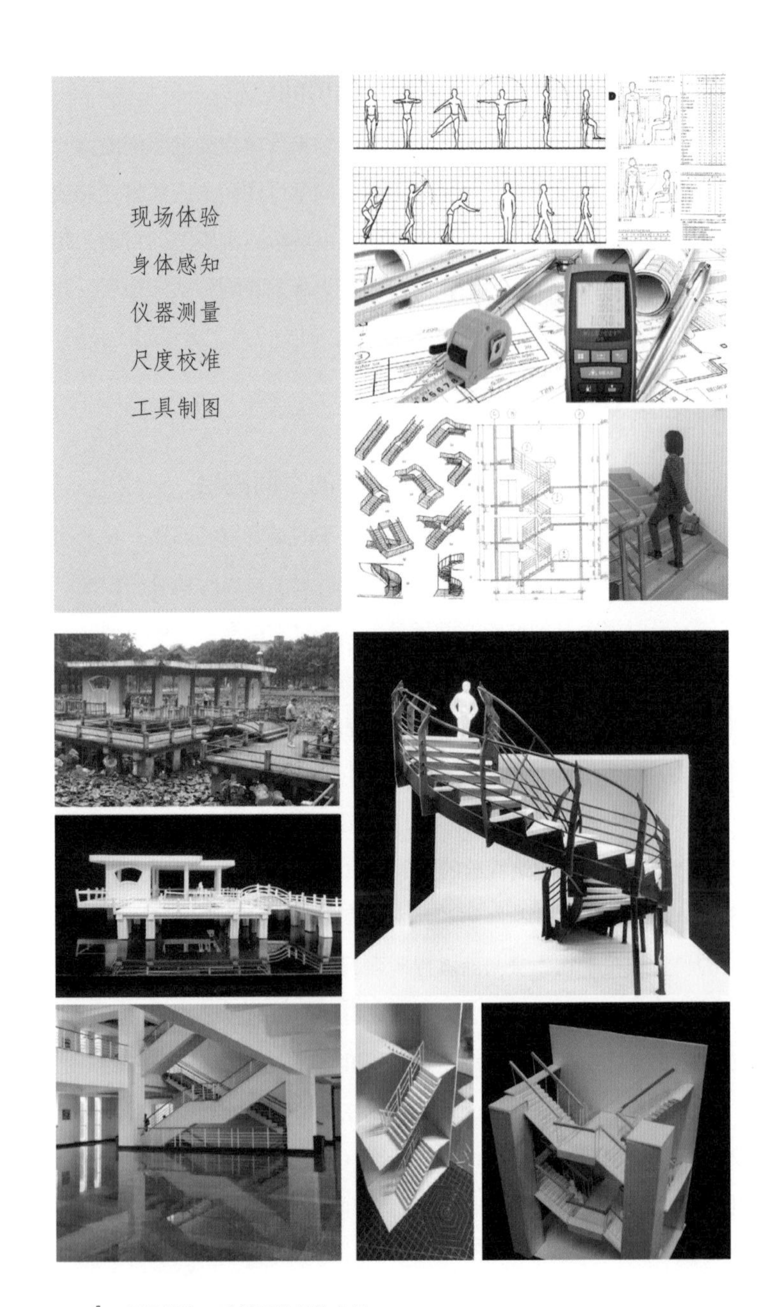
现场体验
身体感知
仪器测量
尺度校准
工具制图

3. 现场 / 使用——户外设施：相约校园冬日下午茶

这一环节的任务在于完成户外空间的临时性限定，通过简易材料的加工进行真实的场景营造。相比于各类聚焦于建造本体的建造节，我们对于户外建造的要求更加侧重于基于在地性的创造与体验，即户外设施的设置必须与现场发生关联，并具有使用的主题。这一命题每年因选址不同和具体的要求略有差异，但无一例外的是，强调在地性，要求学生融入对于当天活动的策划。首先，要求学生对大学校园中的必要性活动、自发性活动以及社会性活动进行解析，理解后两类活动的发生与户外空间品质、吸引力、良好的条件支持等因素高度相关，条件不具备时发生的概率非常小。其次，围绕“相约校园冬日下午茶时光”的主题对场地条件、可能的行为需求进行解析，临时性的空间限定促使冬日下午茶这一社会性活动的发生。在本次训练中，关于“临时性”的理解包括：在场地上进行真实的“临时性使用”，倾向于对真实环境的真实解析；真实的“临时性使用”——相当于场景的 Mock-up，倾向于基于既有环境的微更新。

该训练服务于认知启蒙的整体目标，旨在让学生理解建造对于建筑很重要，但是建造本身并不是目的，建造的目的是人的使用，因此即使在户外建造环节，我们依然坚持场景化设置的思维训练，坚持强调户外空间限定带来的使用体验。例如，户外家具设计的选址为华科校园社区，服务于社区居民的休闲活动，同学们根据校园社区的场地进行设计并完成建造；又如，选址为校园图书馆对面的木栈道，以服务于大学生的临时性下午茶活动为主题进行临时性的场地限定和家具制作，材料为瓦楞纸板；抑或选址为校园某湖边区域，设置临时性家具并结合场地进行空间限定，服务于小组同学的冬日下午茶活动。

设计启蒙系列

设计启蒙系列强调建筑设计当中基本控制能力的训练，相比认知启蒙更加聚焦建筑学的基本问题，以模型推进为载体，要求每个阶段迭代上一阶段的成果，是一个循序渐进、逐步叠加的教学过程，强调想象力与逻辑力同步推进，将人的体验与认知、空间等方面相互关联，其本质是将源于日常生活的观察和思考经过问题预设和解决又还原到真实的使用状态。设计启蒙系列是在认知启蒙之后进行的教学，但二者并非截然分开，场景化的思维一以贯之。设计启蒙系列具体依托生活的抽象、形式要素操作、空间度量的使用、背景环境的响应以及局部建造深化等五个环节完成，具体请参看王振老师主持撰写的“十四五”规划教材《建筑类设计基础教程》，这里仅对场景化思维在设计启蒙系列当中的贯穿做介绍，主要体现为以下五点。

其一，对于设计操作训练的起点，我们以“生活的抽象”为切入点，通过对日常生活当中要素化的物品进行选择、加工、再创作，充分发挥物品本身的特性，例如线性的筷子、吸管，板片形式的扑克牌、纸箱，体块形式泡沫板、小纸盒等，按照某种规律进行二次创作。因此设计启蒙系列的起点仍然源自生活场景当中的要素，但在此基础上需要完成从具象的物品到抽象要素的提取和转译，符合认知的基本规律。

其二，对生活抽象环节所总结出来的形式化的要素类型进行选择，即杆件、板片或体块，以模型材料进行形式要素的操作训练，这一阶段的重点在于对要素本身特性的研究。区别于传统立体构成训练，我们在任务中加入了“围绕空间限定的目标进行要素组织”的要求，即要素操作的过程已经为空间场景的产生进行了铺垫。

其三，在要素操作的基础上探讨空间的体验，这一阶段尤其注重通过代入人的身体尺度进行内部空间场景的研究，即以一定的比例进行换算，代入人的使用和空间体验。这一过程中的训练重点在于尺度的调整和空间使用场景的研究。

其四，由单体练习过渡到集群设计训练，训练重点在于多个单体形成的群体间如何通过彼此协调形成具有统一特性的集群。这一阶段包括了自上而下的宏观控制和自下而上的关系协调，宏观控制的关键在于体量之间的整体性以及制定控制的规则，是以抽象的规则控制集群关系的训练；与此同时，我们强调关系协调的另一关键仍然在于以人的体验视角进行衡量，对之前有关场景思维训练的内容进行迭代。集群设计作为城市设计脉络的前端训练，我们依然强调这不是关于宏观的形式的训练，一定要避免形式化的操作，而是立足于人的体验的空间协调，应时刻在全局效果和个体体验之间进行切换。

其五，设计启蒙系列最终落实到局部的深化，即代入材料、建造的意识。然而由于建筑学一年级学生本身关于结构、构造、材料等知识的欠缺，很难以完整的设计来要求。这一环节的目的在于让学生意识到材料、建造等问题对于建筑学的重要性，并为后期相关知识的系统学习进行预热。在建筑设计初步课程中，我们选择了局部空间进行深化，侧重于代入材料之后将抽象的空间再次带回到具体的场景中去体验，与最初的单一空间的场景营造形成闭环，区别之处在于这一阶段学生已经具有明显的创造冲动。

后记

学会热爱

建筑从来都不是“不食人间烟火”的艺术，建筑训练一方面需要高度抽象化对待身边的事物以寻找本质，另一方面必须从抽象走向具象，保持对具体的人和事物的关爱。建筑学一方面追求艺术创造，另一方面必须思考如何解决现实中的问题。这也正是建筑师思维既区别于哲学家又区别于实干家的地方。场景营造命题作为专业教育的第一步，目的不是在于对生活印记的再现，而是在于感受抽象思维模式与形象思维模式的切换，在未来有关空间抽象的训练和创造中，保持对具体问题的关注和对现实场景的专业敏感度。场景营造作为建筑设计初步课程的起点，其目的并非使学生能够迅速提交看起来非常专业的作品，而更像是在呵护每个学生的初心。

场景营造作为设计类教学中有关概念和方法的反省，指向专业素养的提高。站在认知和体验的视角来切入空间教育，场景化的训练有利于提升设计类专业学生的专业敏感度，以形象化、可操作的直观方式提示同学们在生活中一以贯之地保持敏锐的洞察力。对同学们而言，所学方法需要在生活当中反复强化才能成为专业的本能，对于观察到的美好事物或者空间，应及时捕获、刻意记录、分析总结，对于这些能够引起你注意的现象，如果能够从中萃取出一些规律或者原理，它将真正转化为可以为你所用的专业素养。对于设计类的教育而言，技法可以短期突破，而素养需要日久养成，在学习中要进行有意识的自我积累！

在“看得见风景的房间”教学环节结束之后，我们曾组织过开放性的学习体验交流，以了解学生是如何看待本次教学的，或者认为在本次训练当中学到了什么。这里摘取了部分同学的表述：“理解了场景是由多种元素组成，理解了室内和室外的互通关系”“意识到建筑必须处于环境之中”“初识了建筑模型的制作，了解了尺度感在场景营造中的重要性”“初步理解了空间语言、图示语言和文字语言各自的优势”“体会了从印象到模型的转换”“意识到三维与二维之间的转换关系”……当然，也有个别同学说“似乎没有标准答案，有些茫然”。这项开放性的反馈由同学们自己总结，这些答案大部分都在老师们的预料之中，也契合了命题完成过程中的要求，说明同学们能够在不同程度上领悟到老师所提示的内容。值得一提的是，在所有的反馈中有1位同学的回复引起了我的格外关注，她说：**“看得见风景的房间这个命题让我学会了热爱”**“场景营造让我领悟了设计应当注重关注体验……体验才是空间存在的意义……”一时之间，这个回复丰富了我对建筑启蒙教育的反思，有什么比学会热爱更重要的呢？

除了以模型方式作为场景营造的训练途径之外，有关专业素养的积累我们还推荐“作为场景理解的手绘”和“作为场景观察的摄影”等途径。

手绘慢，场景理解需要的就是“慢”。有关建筑学专业在计算机制图时代还需不需要手绘的争论已经持续了很多年。那么，就像计算机打字早已普及，但是初学的时候仍然需要用铅笔来写字是一个道理，这里不得不再次回到手绘在教育过程中的价值去阐述。手绘在手工制图时代的显性作用是“工具”，随着“工具”这一功能逐渐弱化，其对于图解思维、手脑思维训练、专业素养提升等原本隐性的价值更加清晰。在日常训练中，我们鼓励对印象深刻的场景进行手绘并辅以简图等进行解析，在这一过程中理解空间、光影、尺度等诸多内容并总结其为何让人印象深刻。信息时代，我们可以极为便利地获取很多的图像资料，但从资料变为专业本能之间仍然需要不断训练以突破。那些能够在短时间打动你的场景至少已与你产生了互动，相比于海量的信息更显可贵。

摄影快，场景捕获需要的就是“快”。手机摄影作为我们日常生活中极为便利的方式，能够在第一时间辅助我们捕获打动自己的场景。一般情况下大家手机里存着大量的照片，但是能够称得上“摄影”水准的寥寥无几，数码摄像成本极低亦导致人们举起手机拍摄时过于随意。因此，我们鼓励学生把每次举起手机拍摄都当作一次训练的机会，手机就像是个取景框，在场景观察和捕获当中对构图、比例、视角等刻意反复训练，从而提升基本的专业素养。场景敏感度提升的初期，手机摄影的快捷便利十分有利于经验的快速积累。

在场景营造的课题总结中，有多种刻意的建筑学的划分方式，例如从空间形式分、从场景来源分、从模型制作风格分、从空间与环境的关系分等，这些都可以在讨论中提示学生，当然，重要的是需要回归命题的初心，即明确深刻的印象到底从何而来？在教学中，很庆幸同学们没有去翻阅大师案例照搬一个个让人惊艳的空间作品，而是真诚地去追寻了自身成长经历中的某个瞬间，或许稚嫩、或许平凡，但那是属于自我意识觉醒的过程。“看得见风景的房间”只是建筑设计初步教育的起点，未来请带着场景化的思维方法不断自我训练、继续前行！

感谢在“场景营造：看得见风景的房间”这一教学环节进行实践的华中科技大学建筑系王振、万谦、邱静、周雪帆、陈国栋、汪原、刘小虎等老师和倾情投入的建筑学专业全体一年级同学；感谢在本命题完善过程中参与研讨的所有老师、资助本书出版的教学改革立项，以及教学中进行协助的各位助教！本书由场景营造课题主持教师白晓霞、徐怡静执笔，限于水平和时间，旨在抛砖引玉触发大家对建筑启蒙教育的些许思考。

最后，愿每位同学能够将“看得见风景的房间”作为一种态度融入日后的每一个设计！

——白晓霞

2022 年夏

这里只是起点

新时代要求建筑学专业人才具备的关键能力是什么？如何灵活掌握并运用这些关键能力？这些问题始终在我们一线教师脑海中萦绕。华中科技大学建筑与城市规划学院建筑设计初步教研团队由一批敬业投入的教师组成，经过多年探讨与实践，建筑设计初步课程教学体系已形成相对合理、清晰和完整的架构，其中有向优秀同行学习借鉴的成分，但更多来自教学团队多年来孜孜以求地对前述关键能力的探索和实践。

从事建筑设计基础教学多年，我深刻感受到时代变迁带来对人才需求的转变。以建筑设计初步课程教学目标为例，从早年强调基本功训练，到后来关注理性思维训练，再到如今理性和感性并重的综合能力培养，这一步步正是我们建筑基础教育主导思想的发展历程，充满了教师们长期思辨、总结及教学实践的积累。

在相对稳定的框架下，每年建筑设计初步教学仍会有一些新的尝试与探索。两年前在最初听白晓霞老师谈**“看得见风景的房间”**构想时，老师们展开了热烈讨论，认为这是值得尝试的课题方向。在此后的多次教学研讨会上，不时有思想的火花闪现，想法在不断探讨中逐渐成熟。

对于建筑学新生而言，走稳专业成长第一步，如同扣好第一颗扣子般无比重要。那么如何才能让学生在专业领域快速入门，同时还能迅速地建立起对专业自主探索的兴趣呢？这两件事都不太容易。本课题就是希望能让学生在顺畅地进行专业过渡的同时又有一个大致的对建筑学专业的整体认识。课题进行了两年，学生反响很不错，对于自己感兴趣的场景的再创造都表现得兴致勃勃，亮点频出。在此过程中同学们许多稚嫩的提问就如一粒粒种子般引发了老师们的思考与探讨，课程推进其实是一个互相促进、教学相长的过程。经常会有学生得意地拿来一堆自己琢磨的小东西，我看得出他们是真正喜欢，真正积极思考，这种状态才是最可贵的。在充满活力、灵性生动的讨论交流中，老师和学生都收获了许多快乐和成长。

本书是建筑设计初步课程教学改革的阶段性成果，凝聚了课程中老师与学生的大量心血，为此要特别感谢年级组所有老师和全情投入的 2020 级、2021 级建筑学的同学们。同时，把长期以来的教学思考和实践总结整理成书，也促使我们对建筑设计初步课程教学中关键的教学目标、教学方法等问题等有了进一步的思考，希望借此能引发更多的相关探索。

——徐怡静

2022.07 于武汉

这里只是个起点，

愿每位同学能够带着发现美的眼睛遇见最美的风景！

图 / 华中科技大学建筑与城市规划学院中厅